乡村振兴·农民教育培训系列教材

YOUZHI SICAO ZHONGZHI YU JIAGONG JISHU

优质饲草种植与加工技术

◎ 任俊林 薛彦宁 张立亚 主编

中国农业科学技术出版社

图书在版编目(CIP)数据

优质饲草种植与加工技术 / 任俊林, 薛彦宁, 张立亚主编. --北京: 中国农业科学技术出版社, 2023.7
 ISBN 978-7-5116-6347-4

Ⅰ.①优… Ⅱ.①任…②薛…③张… Ⅲ.①牧草-栽培技术②牧草-加工 Ⅳ.①S54

中国国家版本馆 CIP 数据核字 (2023) 第 126097 号

责任编辑　申　艳
责任校对　王　彦
责任印制　姜义伟　王思文

出 版 者	中国农业科学技术出版社
	北京市中关村南大街 12 号　邮编：100081
电　　话	(010) 82103898 (编辑室)　(010) 82109702 (发行部)
	(010) 82109709 (读者服务部)
网　　址	http://www.castp.cn
经 销 者	各地新华书店
印 刷 者	北京地大彩印有限公司
开　　本	140 mm×203 mm　1/32
印　　张	5.75
字　　数	145 千字
版　　次	2023 年 7 月第 1 版　2023 年 7 月第 1 次印刷
定　　价	26.00 元

━━━━━ 版权所有·翻印必究 ━━━━━

编委会

《优质饲草种植与加工技术》

主　编　任俊林　薛彦宁　张立亚

副主编　白乙尔图　刘晓岚　赵明远　张恩茂
　　　　　邹庆祥　刘双玲

编　委　郭　攀　贺志沛　葛　成　梁银霞
　　　　　李玉兰　刘红益　韩　旭　谢新宇
　　　　　季泽恩　李红军

前言

　　饲草是草食畜牧业发展的物质基础，饲草产业是现代农业的重要组成部分。近年来，我国畜牧业发展迅速，畜禽养殖规模不断扩大，对饲料的需求量不断增加。但我国饲草种植基础条件较差，技术水平不高，导致饲草供应不足，给畜牧业生产带来了较大的压力。为此，加快建立规模化种植、标准化生产、产业化经营的现代饲草产业体系，成为当前畜牧业发展最为迫切的工作。

　　本书结合当前饲草生产实际，介绍了饲草生产实用技术。全书共 7 章，分别为饲草种植基础知识、优质豆科饲草的种植技术、优质禾本科饲草的种植技术、优质叶菜类饲草的种植技术、青贮饲料的加工技术、干草的加工技术、饲草产品的加工技术。本书内容全面、结构清晰、叙述科学、指导性强，便于理解和学习，能为饲草生产提供全方位的参考和借鉴，可作为饲草种植技术人员、饲料原料加工人员的参考用书，也可作为农民培训用书。

　　因时间仓促，加之编者水平有限，书中难免存在不足之处，欢迎广大读者批评指正！

编者

2023 年 5 月

目录

第一章 饲草种植基础知识……………………………………1
第一节 饲草的概念和类型……………………………………1
第二节 饲草的生物学特性……………………………………2
第三节 饲草地的建植技术……………………………………7
第四节 饲草地的管理技术……………………………………16

第二章 优质豆科饲草的种植技术……………………………29
第一节 紫花苜蓿的种植技术…………………………………29
第二节 紫云英的种植技术……………………………………32
第三节 三叶草的种植技术……………………………………34
第四节 草木樨的种植技术……………………………………38
第五节 箭筈豌豆的种植技术…………………………………40
第六节 毛苕子的种植技术……………………………………43
第七节 金花菜的种植技术……………………………………46
第八节 红豆草的种植技术……………………………………49

第三章 优质禾本科饲草的种植技术…………………………53
第一节 象草的种植技术………………………………………53
第二节 羊草的种植技术………………………………………55
第三节 黑麦草的种植技术……………………………………60
第四节 高丹草的种植技术……………………………………62
第五节 皇竹草的种植技术……………………………………66

第六节　披碱草的种植技术…………………………68

　第七节　牛鞭草的种植技术…………………………71

　第八节　鸭茅的种植技术……………………………73

　第九节　苇状羊茅的种植技术………………………77

　第十节　燕麦的种植技术……………………………80

　第十一节　早熟禾的种植技术………………………84

　第十二节　无芒雀麦的种植技术……………………86

　第十三节　饲用甜高粱的种植技术…………………90

　第十四节　青贮玉米的种植技术……………………94

第四章　优质叶菜类饲草的种植技术……………………100

　第一节　苦荬菜的种植技术…………………………100

　第二节　菊苣的种植技术……………………………102

　第三节　串叶松香草的种植技术……………………106

　第四节　籽粒苋的种植技术…………………………109

　第五节　聚合草的种植技术…………………………111

　第六节　饲用甜菜的种植技术………………………114

第五章　青贮饲料的加工技术……………………………118

　第一节　青贮饲料的概念和发酵过程………………118

　第二节　青贮饲料的调制技术………………………121

　第三节　青贮饲料的品质鉴定………………………133

第六章　干草的加工技术…………………………………140

　第一节　饲草作物的收割技术………………………140

　第二节　饲草作物的干燥技术………………………143

　第三节　干草的贮藏技术……………………………149

　第四节　干草的品质鉴定……………………………157

第七章　饲草产品的加工技术……………………………………162
　第一节　草捆的加工技术………………………………………162
　第二节　草粉的加工技术………………………………………165
　第三节　草颗粒的加工技术……………………………………167
　第四节　草块的加工技术………………………………………168
参考文献…………………………………………………………………172

第一章 饲草种植基础知识

第一节 饲草的概念和类型

一、饲草的概念

饲草是指可作为家畜和野生动物饲料的植物。野生饲草是指自然界固有的、未经人类驯化的植物种类,它们对自然界有较强的适应性,但往往生产性能不高;人工饲草由人类按照一定的经济特性,利用一定的技术,对野生饲草进行引种、驯化、杂交、选育而成。广义的饲草包括青饲料和作物秸秆,以草本植物为主,包括部分藤本植物、灌木和半灌木等。饲草应具备的条件是生长旺盛、草质柔嫩、产量高、再生力强、一年能收割多次、对家畜适口性好、含有丰富的优质蛋白质和适量磷、钙及丰富的维生素等。

二、饲草的类型

按照植物学属性,饲草可分为禾本科饲草、豆科饲草和叶菜类饲草。

(一)禾本科饲草

禾本科饲草属单子叶植物,为一年生或多年生草本植物,根须状,没有主根,果实(或种子)为颖果,生长点或分蘖

（分枝）处在植株基部，家畜啃食后可再生，耐牧性强。常见的有苏丹草、高丹草、黑麦草、象草、牛鞭草、羊茅和鸭茅等。

（二）豆科饲草

豆科饲草属双子叶植物，为一年生或多年生草本植物，也有少数茎秆较坚硬，近似木质，直根系，主根粗壮，入土较深，根上常着生根瘤，可固定氮素。豆科饲草可分为3个亚科，即蝶形花亚科（许多重要的豆科饲草和蔬菜及粮食作物都属于此亚科）、含羞草亚科（95%以上的种类为木本植物）和云实亚科。豆科饲草（含绿肥）有50余种，常见的有紫花苜蓿、黄花苜蓿、草木樨、胡枝子、紫云英、红车轴草（红三叶）和白车轴草（白三叶）等。

（三）叶菜类饲草

叶菜类饲草主要包括菊科和苋科植物。这类植物一般叶大而宽，根系粗大，植物体膨大，青绿多汁，干物质中粗蛋白质含量高，蛋白质和氨基酸结构良好，含有丰富的维生素和无机盐，容易消化吸收，是畜、禽、鱼的优质青绿多汁饲料，但其含水量大，无法制作干草，青贮也需要先晾晒除去部分水分。常见的有菊苣、苦荬菜、串叶松香草、尾穗苋（籽粒苋）、聚合草和甜菜等。

第二节 饲草的生物学特性

一、饲草的繁殖方式

饲草既有有性繁殖，也有无性繁殖。

有性繁殖通过种子繁殖，一般种子繁殖出来的实生苗，对环境适应性较强，繁殖系数大。种子是一个处在休眠期的有生命的活体，只有优良的种子，才能产生优良的后代，选育性状优良的种子是提高饲草生产能力的关键。

无性繁殖是指依靠地上或地下茎、根或分蘖节形成新的个体或枝条的繁殖方式。放牧或刈割后的饲草再生主要依靠营养器官繁殖完成。栽培饲草无性繁殖类型主要有根茎型、疏丛型、匍匐茎型和轴根型。

根茎型除地上茎外，还包括根茎。从地下分蘖节长出与主枝垂直、平行于地表的地下横走茎，称为根茎。根茎由若干节间组成，节上常见小而退化的鳞片状中叶，叶腋处腋芽向上长出垂直枝条，伸出地面后形成绿色的茎叶，茎节向下生长出不定根。根茎分布于距地表5~10厘米深处，在通气良好的土壤中可达20厘米深。根茎常常后面部分死亡，尖端顶芽继续生长形成地上枝条。根茎型饲草具有很强的营养繁殖能力，当根茎部分腐烂或被耙地切断后，每一根茎段便成为一个独立的繁殖体，在茎节处产生新枝条和不定根。根茎向四周辐射蔓延，纵横交错，形成连片的地上植被。根茎对土壤通气状况敏感，当土壤中空气缺乏时，分蘖节便逐年向上移动，以满足对空气的需求。当土壤表层水分较少时，根茎移至一定深度后便死亡。因此，根茎型饲草在疏松、通气好的土壤中生长良好，适合刈割或轻度放牧。优质根茎型饲草有羊草、无芒雀麦和赖草等。

疏丛型饲草的茎基部为若干缩短了节间的节组成的分蘖节区，节上具有分蘖芽。分蘖节位于地表以下1~5厘米处，分蘖芽向上形成侧枝，与主枝成锐角，侧枝基部的分蘖节也可产生次级分蘖枝条。疏丛型饲草能产生多级分蘖，各级分蘖枝条都形成各自的根系，地面上形成疏松的株丛。分蘖节接近地表，对土壤空气要求不严，在土壤水分暂时过多的情况下也能生长良好，在具有透性的黏质壤土、腐殖质土壤上生长最好。适合刈割或刈牧兼用。优质疏丛型饲草有多年生黑麦草、鸭茅、羊茅和象草等。

匍匐茎型饲草母株根颈、分蘖节或枝条的叶腋处向各个方向生出平铺于地表的匍匐茎。匍匐茎的节向下产生不定根，腋芽向上产生新生枝条、株丛或匍匐茎。老枝条、株丛或匍匐茎逐渐死亡，新枝条、株丛或匍匐茎继续产生新枝条、株丛或匍匐茎。匍匐茎死亡后，节上产生的枝条或株丛可形成独立的新个体。匍匐茎在地面上纵横交错形成致密的草层。匍匐茎的繁殖能力强，带节的匍匐茎段可以繁殖成新植株。匍匐茎型饲草耐践踏性强，适合放牧。优质匍匐茎型饲草有狗牙根、白三叶等。

轴根型饲草具有垂直粗壮的主根，主根上长出许多粗细不一的侧根，入土深度一般从10厘米到200~300厘米或更深。茎基部在土壤表层以下1~3厘米处与根融合在一起，加粗膨大部分为根颈，其上有许多更新芽，可发育为新生枝条，并以斜角方向向上生长。枝条叶腋处具潜在芽，能发育为侧枝，侧枝可继续生出分枝。刈割或放牧后根颈上的更新芽和留在枝条上的潜在芽都可以长出新枝条，越冬后根颈上的更新芽萌发使饲草返青。在通气良好、土层较厚的土壤上发育最好。轴根型饲草适合刈割或放牧。优质轴根型饲草有紫花苜蓿、草木樨、红三叶等。

二、饲草的再生性

饲草被刈割或放牧后重新恢复绿色株丛的能力叫作饲草的再生性。饲草再生主要依赖刈割或放牧刺激分蘖节、根颈或叶腋处休眠芽的生长来实现，其次还依赖受损伤枝条和茎叶的继续生长来实现。影响再生性的主要因素有饲草的种类、品种、环境条件、栽培管理、土壤肥力与水分、刈割次数、留茬高度等。

饲草的再生性通常用再生速度、再生次数和再生草产量来衡量。再生速度一般是指饲草刈割或放牧采食后恢复到可供再次利用所需要的时间,也有用饲草单位时间内生长的高度来表示的。初次刈割或放牧后再生速度较快,随刈割次数的增加,再生速度下降。再生次数是一个生长季内可供刈割或放牧利用的次数。再生速度快,一年内可利用的次数就多。利用的次数应该适宜,过多或过少对饲草再生都不利。每次利用后,再生都会动用已贮藏的营养物质。生长季节内如果利用次数过多,地下营养器官营养物质减少,影响生活力和越冬。确定饲草适宜的利用次数,既要考虑饲草生长习性,保证其能维持正常生活力,又要能获得较高的草产量。饲草刈割或放牧利用后形成的干物质数量为再生草产量,一般第一茬和第二茬草产量高、品质好,以后草产量和品质下降。

三、饲草生长的环境条件

环境能够影响和改变植物的形态结构和生理生化特性。植物对环境也有一定的适应能力并可改变环境条件。饲草在自然界中受到光照、温度、水分、大气、生物因子等的作用和影响。长期在一定环境条件下生长的饲草,在自然和人工选择压力下产生遗传和变异,获得对环境的适应性。

温度可以影响饲草的生理活动和生化反应,从而影响其生长发育、产量和品质。不同的饲草种类有不同的适应温度,甚至同一种饲草的不同品种对温度的适应性也不一样。冷季型饲草在过高温度环境下会处于不生长的夏眠状态;暖季型饲草冬季会休眠。当温度低于-20℃时,植物的呼吸作用变得很弱,光合作用停止，此时植物维持生命依赖消耗贮藏的营养物质。温度在30~35℃时，光合作用能力最强；大于35℃，光合作用则迅速减弱。植物有些生理过程需要低温才能完成，许多植物种子需要经过低温春化作用才能正常发芽。饲草的临界温度是饲草生长发育受阻时的温度值。越冬性和越夏性也是不同地区饲草选择的重要依据。多年生草本植物在低温来临时，地上部枯死，而地下的越冬芽有机质增加，自由水含量降低，安全度过冬天，当气温回升后，即开始返青。高温阻碍植物生长发育，破坏植物光合作用和呼吸作用的平衡，使呼吸作用超过光合作用，导致饲草因长期营养供给不足而死亡。

光照长度对饲草生长、开花、休眠及地下贮藏器官的形成都有显著影响。根据对光照长度的反应，可以将植物分为长日照植物、短日照植物、中日照植物和中间型植物。长日照植物只有当日照长度超过临界点时才能开花，短日照植物是光照长度短于临界点时才能开花，中日照植物是当昼夜长短比例相等或接近时才能开花，中间型植物不受日照长度的影响。饲草为了适应一定的环境条件，形成了阳性饲草、阴性饲草和耐阴性饲草。阳性饲草只有在强光照下才能生长良好，适用于净作或间作；阴性或耐阴性饲草可以忍耐一定的荫蔽或在弱光照条件下生长，可用于林下或者高大植物下套种。

水分不仅是构成饲草的主要成分，而且参与饲草的生理、生化、代谢和光合作用，并溶解矿质元素，参与体内各种循环。饲草在长期演化过程中，生长在不同的水分条件下，长期适应，形成了不同的生态类型，如湿生性、中生性和旱生性。多数饲草为中生性植物，北方饲草较耐旱，南方饲草相对耐湿。

此外，土壤的肥力水平、耕作状态以及病虫害和土壤中的微生物对饲草的生长过程都有影响。

第三节 饲草地的建植技术

一、草种选择

正确选择草种是成功建植草地的关键。草种选择不当，能导致草地建植失败，或者产量低、质量差，或者与生产目的不符，不能取得应有的效益。草种选择应依据草地建植目的、草地利用方式、饲草种植制度和草种生态适应性等进行选择。

（一）根据草地建植目的选择草种

饲用草地应选择产量高、适口性好、营养价值高和对畜禽无毒害的草种，如紫花苜蓿、三叶草、草木樨、柱花草、黑麦草、象草、籽粒苋、甜菜、苏丹草等。绿肥草地应选择具有固氮能力的一年生或二年生豆科草种，如紫云英、毛苕子、箭筈豌豆等。果园草地应选择低矮或匍匐，具有一定耐阴性的多年生草种，如白三叶、鸭茅、鸡眼草，以固氮能力强的豆科草种为宜。水土保持草地应选择根系发达或具有发达根茎或匍匐茎的多年生草种，如白三叶、百脉根、狗牙根等。

（二）根据草地利用方式选择草种

刈割草地应选择株丛较高、上繁、耐刈性强的多年生饲用草种，如豆科的紫花苜蓿、沙打旺、红豆草、柱花草和银合欢等，禾本科的黑麦草、苇状羊茅、象草和苏丹草等，饲用作物玉米、高粱、燕麦、串叶松香草、籽粒苋等。放牧草地应选择株丛较为低矮、下繁或茎匍匐、耐牧性强的多年生草种，如豆科的红三叶、百脉根、扁蓿豆、野生大豆和大翼豆等，禾本科的多年生黑麦草、草地早熟禾、羊草和冰草等。

（三）根据饲草种植制度选择草种

仅利用一个生长季或生长季中的某一段时间，种一次仅利用一茬的季节性复种、套种草地，应选择生长迅速的一年生或二年生饲用草种，如豆科的草木樨、紫云英、毛苕子和箭筈豌豆等，禾本科的一年生黑麦草、苏丹草、燕麦和黑麦等。短期轮作草地，利用年限 2~4 年，应选择二年生或短寿命多年生饲草品种，如豆科的草木樨、红三叶、红豆草和沙打旺等，禾本科的多年生黑麦草、苇状羊茅、披碱草和老芒草等；也可选用多年生饲草品种，如紫花苜蓿。长久草地，利用年限 6 年以上，应选用多年生饲草品种，如豆科的紫花苜蓿、白三叶、柱花草等，禾本科的无芒雀麦、多年生黑麦草、冰草、狗尾草和象草等。

(四) 根据草种生态适应性选择草种

生态适应性是指在一定的生态环境条件下具有一定的生物种类和数量，是草种选择的基本依据之一。每种生物都有一定的生态适应范围，超出适应范围便无法生存，在其耐性范围内存在一个最适生长范围，在最适生长范围内生产力最强。应该选择最适生长范围与当地生态环境条件相吻合的草种，以便取得较高的生产力和较大收益。影响草生长的生态因子包括气候、土壤、地形、水文、生物和人类活动等。在生产实践中，草种选择主要考虑气温、光照、降水（下水位和淹水）、土壤酸碱度和含盐量等。

植物只有在一定温度范围内才能正常生长发育，温度过高或过低都将妨碍植物生长发育，甚至导致其生长发育停止和死亡。导致植物死亡的极端高温和低温称为致死温度。不同草种的最高、最适和最低温度不同，适应的气候和地理区域也不同。根据对温度的适应性，可以将草分为冷地型、暖地型和过渡带型 3 类。冷地型草适宜生长温度为 15~25℃，抗寒性强，在北方能够安全越冬，在南方冬季低温时依然保持绿色和生长，但耐高温能力差，在炎热夏季常出现休眠现象，适宜在黄河以北地区种植，如豆科的紫花苜蓿、红豆草和草木樨等，禾本科的苇状羊茅、披碱草和黑麦草等。暖地型草最适生长温度为26~35℃，耐热性强，能适应夏季高温，但抗寒能力差，在南方冬季低温时出现休眠，在北方不能自然越冬，适宜在长江以南地区种植，如豆科的柱花草、紫云英和银合欢等，禾本科的狗牙根、象草和苏丹草等。过渡带型草的温度适宜范围比较广，在黄河以南、长江以北地区能够良好生长，由冷地型草中耐热性强和暖地型草中抗寒性强的品种构成，如豆科中的紫花苜蓿高秋眠性品种、三叶草和二色胡枝子等，禾本科的苇状羊茅、狗牙根和苏丹草等，饲用作物的玉米、高粱和串叶松香草等。

日照长度、光照强度和光谱成分都对饲草有一定的影响。光照是饲草生态型或地方品种形成的重要影响因素。室温下，日照越长，干物质产量或种子产量就越高。同时，光照还能影响周围温度或其他环境条件，间接影响饲草生长。因此，不同地区选择不同光照长度反应的饲草（长日照、短日照、中日照和中间型），以及不同栽培条件下选择不同反应的饲草（阳性、阴性和耐阴性）。

水是植物生存的必要条件。植物的生长与水分消耗密切相关，增长一定量的干物质需要消耗一定量的水。植物每增长1克干物质所消耗的水的克数称为植物的蒸腾系数，不同植物的蒸腾系数不同。根据植物对水分的需求将植物划分为湿生性植物、中生性植物和旱生性植物。栽培饲草多为中生性或旱生性植物，湿生性植物较少。旱生性植物抗旱性最强，湿生性植物抗旱性最弱，中生性植物介于两者之间。水分条件是草种选择的重要依据。北方选择抗旱性强的草种，南方选择耐涝或耐湿性强的草种。水分过多会造成地下水位过高，甚至导致地面淹水；地下水位过高导致地下根缺氧。一般直根系、深根性植物不耐高地下水位和地面淹水，须根系、浅根性植物的耐涝性较强。

土壤的酸碱度和含盐量也是品种选择的重要因素。过高或过低的酸碱度和含盐量都将抑制植物生长发育，甚至导致植物死亡。一般南方酸性土壤较多，北方碱性土壤较多，因长期选择和适应的结果，暖地型草往往适应酸性土壤，冷地型草往往适应碱性土壤，并有一定的耐盐性。随着南方推广草食畜牧业，种草养畜规模越来越大、数量越来越多，一些此前在北方种植的草种也被大量引入南方种植，如紫花苜蓿。因此，在南方饲草推广和草地建植中，加强耐酸性、耐涝性品种的选育显得尤为重要。

二、土壤准备

（一）土地耕作

广义的土地准备主要包括制定总体规划、土地平整、排灌系统建设、土壤耕作、土壤改良和施底肥等，狭义的土地准备主要指土壤耕作。总体规划包括土地建设方案、道路修建方案、排灌蓄水系统设计方案、土壤改良措施等。按照规划要求，平整土地，修建道路，建设排、灌、集合蓄水系统。土壤耕作可以改善植物生长条件和土壤结构，把作物残茬和有机肥料等掩埋并掺和到土壤中，控制杂草。

土地耕作包括基本耕作和表土耕作。基本耕作作用于整个耕层，作业强度高，对土壤影响大，包括翻耕、深松耕和旋耕3种方式，可根据具体情况选择适当的方式。翻耕又称为翻地、犁地或耕地，对土壤具有切、翻、松、碎和混等作用，能一次性完成疏松耕层、翻埋残茬、拌混肥料和控制病虫草害等作用。一般深翻深度20~25厘米，浅翻深度15~20厘米。种植禾本科饲草等浅根性草可以浅翻，而种植豆科饲草等深根性草需深翻。此外，还可以根据情况采用深松耕或者旋耕。表土耕作主要作用于土壤表层10厘米以内，包括耙地、耱地、镇压、做畦和起垄等，为播种和植物生长创造良好条件。

(二) 土壤改良

土壤改良是将改良物质掺入土壤中，改善土壤理化性质。当土壤存在明显的障碍因子，严重影响草的生长发育时，就需要进行改良。土壤改良包括质地改良、结构改良、酸土改良和盐碱改良等，一般结合土地平整，道路及排、灌、集合蓄水系统建设，土壤耕作和施肥等作业进行。

砂土保水保肥能力低，黏土透气性差，对粗砂土和重黏土应进行改良，主要改良土壤耕作层，通过砂土掺黏、黏土掺砂，使土壤既有通透性又有保水性。改良时，应因地制宜，就近作业。如在我国南方，红土丘陵的酸性黏质红壤与石灰质的紫砂土常相间分布，可以通过取紫砂土改良红壤，调节土壤酸碱度，增加钙质营养。土壤的团粒结构能够使土壤透水、保水保肥、通气和保温等，有利于根系在土壤内生长。结构改良的措施主要是施用有机肥和土壤改良剂。此外，种植一年生或多年生的豆科绿肥也能起到改良土壤团粒结构的作用，还可利用石灰改良酸性土壤，通过水洗等措施改良盐碱土等。

三、播种技术

(一) 选用优质种子

草地种子包括豆科植物的种子和荚果、禾本科的颖果和小穗，以及其他科植物的种子及含有种子的繁殖器官等。广义的种子又称为播种材料，还包括块根、块茎、根茎和匍匐茎等。优质种子是高产、优质和抗性强的品种，同时要求纯净度高、籽粒饱满、整齐一致、含水量适中、生活力强、无病虫害。常用的评定指标有纯净度、千粒重、含水量、发芽率和发芽势等。

千粒重是指1 000粒自然干燥种子的总质量。含水量是指供检种子样品中所含水的质量占种子样品质量的百分比。适宜的含水量对种子生活力、寿命以及贮藏和运输等至关重要。通常要求豆科植物种子含水量为12%~14%，禾本科为11%~12%。发芽率是指标准环境条件（适宜种子发芽的条件）下，最终测定正常发芽种子数占总供检种子数的百分比。发芽势是发芽初期（一般为3~10天）发芽种子数占供检种子数的百分比，能反映种子的生活力和发芽整齐一致性。

（二）种子预处理

种子预处理包括清选去杂、破除休眠、药物处理、种子施肥、根瘤菌接种、包衣、浸种催芽等措施。对净度低、杂质多以及带有长芒、绵毛等附属物的种子，使用播种机播种时，存在流动性差的问题，影响播种质量，应在播种前进行相应的处理。例如，杂质多的种子用气流筛选机、比重筛选机等筛选，有芒种子用去芒机等进行处理。种子休眠包括生理休眠、硬实休眠和抑制休眠。生理休眠是指种子脱离母体时，种胚尚未完全成熟，需要经过一段时间的后熟才能发芽，许多禾本科草种都存在生理休眠，如苇状羊茅需要3~4周，草地早熟禾则需要1年。生理休眠常常通过晒种（阳光下暴晒4~6天）、加温（30~50℃处理7天）、变温（低温0~10℃持续16小时，高温30~40℃持续8小时，变温7天）、沙藏（0~10℃低温湿沙处理7天）和硝酸钾（0.2%硝酸钾溶液浸泡12~72小时）处理来打破休眠。硬实休眠是因为种子（果）皮结构致密坚实或者具有角质及蜡质层，不能透水透气，从而导致种子不能发芽。很多豆科草种都存在硬实休眠现象，可通过机械损伤（切背、碾磨）、低温处理（0~10℃低温7天）、化学处理（用浓硫酸或盐酸腐蚀种子几分钟到半小时，有的用过氧化氢溶液处理）来打破休眠。抑制休眠是某些部位存在抑制种子萌发的物质，如乙烯以及各种芳香油、生物碱等，一般通过流水洗涤打破休眠。

杀虫剂、杀菌剂药物处理种子以防治病虫害，包括包衣、丸衣、拌种和浸种处理。包衣是将药物、肥料、保水剂、生长调节剂和微生物制剂等物质包裹在种子表面的处理技术。包衣材料包括有效剂和助剂两部分。有效剂包括杀虫剂、中量和微量元素肥料、抗旱保水剂、促进生根和出苗的生长调节剂、固氮及促进土壤养分释放或改善微生物环境等功能的微生物制剂。助剂包括成膜剂、分散剂、缓释剂、防冻剂和染色剂等。丸衣主要是增加种子的体积和质量，改善种子播种的流动性，同时兼顾其他处理。丸衣处理后种子呈球形或近球形，质量增加数倍甚至几百倍，丸衣后可使播种均匀。拌种常用的有灭菌粉剂，如萎锈灵等防治真菌类粉剂，常用于豆科的紫花苜蓿、三叶草，禾本科的苏丹草、高粱等。药液浸种和催芽，如用1%的石灰水浸种可防治禾本科的根瘤病、赤霉病，用1∶10的盐水或1∶4的过硫酸钙溶液浸种可有效去除紫花苜蓿种子中的菌核、籽蜂和麦角菌核。浸种催芽主要是为了保证苗早、苗齐、苗壮或者抢农时，以及在田间缺苗时补播种子。播前浸种催芽的前提条件是土壤湿润或具备灌溉条件。施肥是指用肥料包衣、丸衣、拌种或浸种，主要是针对需要量很少的营养元素，是一种简便而有效的措施。施用肥料的种类和方法应综合考虑实际情况，如豆科植物接种根瘤菌时通常结合施用钼肥。根瘤菌接种是豆科饲草播种的一项重要措施，根瘤菌接种主要应用于此前草地未种植该种豆科饲草或种植时间间隔较久以及土壤条件不良的土地。这些土壤中根瘤菌含量低、根瘤菌族不匹配，通过接种高效固氮、结瘤能力强的根瘤菌，提高豆科饲草与根瘤菌的共生固氮能力。

(三) 选择播种方式

根据种子在田间的分布方式，草的播种方式可分为点播、条播、带播和撒播。点播也称穴播，是按一定株距开穴播种，通常顺行开穴，也可以无规则开穴，优点是节省种子，田间管理方便，有利于株型较大的饲料作物和灌木的生长，对种子生产有利，便于在土地不够平整的地块播种，但较费工。条播是按一定行距开窄条沟、无株距播种，优点是田间管理方便。以利用营养体为目的时行距一般为15~30厘米；以生产种子为目的时行距一般为45~90厘米。株型较大的饲料作物和灌木行距宜宽，通常为50~60厘米；株型较小的一年生或多年生植物的行距适当减小，为12~15厘米。带播也称带播种和撒条播，是按一定的带距开带状宽沟，带内无行距、株距播种。撒播不开穴、不开沟，田间管理不方便，但播种省时省力，适合于果园草地、水土保持草地、放牧草地播种以及天然草地补播。

根据播种面在田间的地坪高低，分为平播、低畦播种、高畦播种、起垄播种和犁沟播种。平播，播种面与田地自然地坪一致，适合于无灌溉条件的干旱、半干旱地区和排水良好的湿润半湿润地区。低畦播种，播种面略低于田地自然地坪，便于引水灌溉，适合于北方灌区。高畦播种，播种面略高于田地地坪，便于排水，适合于南方多雨地区。起垄播种，播种面显著高于田地地坪，有利于提高地温，便于灌溉和排水。犁沟播种，播种面显著低于田地地坪，在无灌溉条件的干旱和半干旱地区普遍采用。

根据草种的特征和生产实际需要，可以同期播种或者分期播种，还有不同草种的单播或者多个草种的混播。播种上可采用联合播种，即结合播种同时进行施肥、浇水和施药以及接种等处理，或采用非联合播种，也就是单独播种。

根据是否采用覆盖措施，可分为覆盖播种和无覆盖播种；根据是否耕作，可分为免耕播种和耕作播种。不同的播种方式可以联合选用，如当前推广较多的免耕覆秸播种技术等。

根据播种的方法，可以选择手工播种和机器播种等方式，天然草地改良还可以采用飞播、喷播等方式。

(四) 播种期的选择

为了达到苗早、苗齐、苗全和苗壮，便于苗期管理，高效利用土地，满足社会需求等目标，需要选择合适的播种期，一般要考虑气候、土壤、生物和人类生产活动及草种的生物学特性。气温是影响播种期的重要因素，只有在一定温度条件下种子才能发芽，幼苗才能生长。种子萌发的最低温度在0℃以上，有的高于10℃；最高萌发温度甚至高于35℃，一般高温不会抑制种子发芽，但会影响冷地型草种幼苗生长发育；低温限制种子的萌发，冬季不适宜播种。春季气温上升到种子萌发所需要的最低温度后，直至秋季霜冻前1.0~1.5个月，都可以播种，但不能过晚，否则幼苗不能贮存足够营养物质，在寒冬可能会被冻死。

降水也是播种期选择的重要因素。无灌溉条件的干旱、半干旱地区，应在雨季播种或早春顶凌播种；湿润地区降水集中季节不宜播种，在水土流失严重的地区播种应避开暴雨频发期。也应考虑空气湿度，湿润、半湿润地区不宜在高温高湿的夏季播种；相反，干旱地区不宜在干热风频发的季节播种。关于土壤的湿度，一般要求土壤含水量为40%~80%。此外，杂草控制、复种和轮作等都是考虑播种期的重要因素，同时还要考虑草种本身的生物学特性，如抗寒性和耐热性等。

第四节　饲草地的管理技术

一、水分管理

(一) 灌溉

水不仅是饲草作物光合作用的原料和生理代谢的介质,也是其吸收、运输营养物质的溶剂。无论当地的降水量是多少,都很难满足饲草作物各个生育时期对水分的需求。根据饲草作物各生育时期对水分的需求和当时的土壤、气候条件,进行适时、适量灌溉,是获得高产、优质的重要保障。当前,灌溉的方式主要包括地面灌溉、喷灌、微灌、地下灌等。

1. 地面灌溉

地面灌溉是把灌溉水通过田间渠沟或管道输入田间,水在田面流动或蓄存过程中,借重力和毛管作用下渗湿润土壤的灌水方法,又称重力灌水法。这种灌溉方法所需设备少,投资小,技术简单,是我国目前应用最广泛、最主要的一种传统灌溉方法。地面灌溉按田间工程和湿润土壤方式又可分为漫灌、沟灌、畦灌、淹灌等。

(1) 漫灌　通过沟渠等方式,将水流引入田地,灌溉水在流动过程中,借助重力作用,渗入并湿润土壤。这种方式操作简便,但耗水量大、水分利用率低,而且,水分的重力作用会将土壤孔隙中的空气赶跑,破坏土壤结构,导致土壤板结,透气性变差,还容易使土壤表面结壳。

(2) 沟灌　在行间开沟灌水,水在流动过程中借助渗透、毛管作用、重力作用向沟的两侧和沟底浸润土壤。这种方式没有淹没植株生长处,对土壤结构破坏较小,土壤水、气较协调,也可以节省灌水量，但需要开沟。在缺水地区采用隔沟灌溉是一种有效的节水措施。

（3）畦灌 是将田块用畦埂分隔成为许多平整小畦，水从输水沟或毛渠进入畦田，以薄水层沿地面坡度流动，水在流动过程中逐渐渗入土壤的灌水方法，适宜于密植条播或撒播作物。在进行播前灌溉时，也常采用畦灌，以加大灌溉水向土壤中下渗的水量，使土壤贮存更多的水分。畦灌属于微漫灌。

（4）淹灌 在土壤表面长期建立并维持一定深度水层的灌溉方式称为淹灌，仅适用于水生饲草作物，或用于盐碱地冲洗改良等。

2. 喷灌

喷灌是利用专门的灌溉设备将水加压（或利用水的自然落差形成一定压力），并通过管道系统将压力水送到田间，再经喷头喷射到空中散成细小的水滴，均匀地散落在农田上，达到灌溉目的。这种方法如同自然降水，灌溉均匀，对土壤结构的破坏较小，还可以增加田间空气湿度，调节田间气候，灌溉质量高，利于饲草作物的生长发育。喷灌可人为控制灌水量，可适时、适量灌溉，不产生地表径流和深层渗漏，与地面灌溉相比，可节水30%~50%，适于灌溉所有的旱地饲草作物，而且既可用来灌水，又可用于喷洒肥料、农药等，是一种比较先进的灌溉方式。但喷灌需要一定量的压力管道和动力机械设备（喷灌系统一般由水源、水泵、动力机、管道、喷头和附属设备等部分组成），能源消耗大，投资费用高。

3. 微灌

微灌是通过低压管道系统与安装在末级管上的灌水器，将水和作物生长所需的养分以很小的流量均匀、准确、适时、适量地直接输送或滴放到作物根部附近的土壤表面或土层中的灌溉方式，依灌水器的出流方式不同可分为滴灌、地表下滴灌、微喷灌和涌泉灌4种类型。微灌是一种局部灌溉，不易产生地表径流和深层渗漏，不会造成土壤板结，还可调节田间温度和湿度。微灌的适应性强，操作方便，可以根据饲草作物的需水特性和不同的土壤入渗特性调节灌水速度，可适用于山区、坡地、平原等各种地形条件，不需平整土地和开沟做畦，可实现自动控制，大大减少了灌水的劳动强度和劳动量。微灌的缺点是系统建设的一次性投资大、成本高，灌水器孔径小、易堵塞等。

4. 地下灌

地下灌又称渗灌，是利用地下管道将灌溉水输入至田间埋于地下一定深度的渗水管道或人工鼠洞，或采取措施升高地下水位，借助毛细管作用湿润土壤的灌水方法，可分为地下水浸润灌溉和地下渗水暗管（或人工鼠洞）灌溉2种类型。地下水浸润灌溉是利用沟渠及其调节建筑物，将地下水位升高，再借助毛细管作用向上层土壤补给水分，以达到灌溉目的。在不灌溉时开启节制闸门，使地下水位下降到一定的深度，以防作物受渍害。地下水浸润灌溉适用于土壤透水性强，地下水位较高，地下水及土中含盐量较低的地区。地下渗水暗管（或人工鼠洞）灌溉是通过埋设于地下一定深度的渗水暗管或人工钻成土洞（鼠道）供水，适用于地下水位较低，灌溉水质好，土壤透水性适中的地区。地下灌的主要优点是土壤湿润均匀，湿度适宜，能较好保持土壤结构，不会导致土壤表面板结；减少地表蒸发，节约用水，灌水效率高，灌水时不影响其他田间作业等。缺点有表土湿润差，不利于作物种子发芽和出苗；投资高、管理困难、易产生深层渗漏等。

(二) 排水防涝防渍

土壤水分过多容易引起饲草作物根系缺氧，进而影响其生长发育，产生涝渍害，因此需要排水防涝渍，特别是在多雨的季节和地区以及地势低洼的地块。

最常见的排水方式是开明沟，即在田间开挖一定深度和间距的排水沟，将多余水分排出田间。这种方式简便易行，投资少，但受排水沟深度的限制，排地下水效果差；排水沟边坡易垮塌，造成堵塞，也容易滋生杂草；占地较多。

比较先进的排水方式是暗管或竖井。暗管是在田间开挖一定深度和间距的排水沟，在沟底铺设能排水的管道，然后回填土壤，即形成暗管，通过暗管将多余的水排出田间。暗管一般较明沟深，排水效果好，而且由于埋在地下，不占地，不影响田间其他作业，但投资较大、成本较高。

竖井是在田间按一定的间距打较深的井，将井内水抽出后在较大范围内形成地下水位降落漏斗，从而降低地下水位。竖井的优点是排水效果好，而且能够排灌结合，当发生干旱时可往井内灌水，起到灌溉的作用；缺点是占地较多，土地利用率降低。

二、施肥管理

施肥的目的是满足饲草作物对各种营养元素的需求，促进其生长发育，提高其产量和品质。施肥时，应根据饲草作物的营养特性，制订施肥方案。

(一) 肥料种类

肥料的种类较多，按其来源可分为农家肥料和商品肥料；按其物理形态可分为固态肥料、液态肥料和气态肥料；按其化学组成可分为有机肥料和无机肥料；按其酸碱反应可分为酸性肥料、中性肥料和碱性肥料等。通常人们将肥料分为有机肥料、无机肥料和微生物肥料3类。

1. 有机肥料

又称农家肥料，主要指来自农村、城市可用作肥料的有机物，包括人畜粪尿、作物秸秆、厩肥、堆肥、沤肥、饼肥、绿肥、塘泥、各种农家废弃物等，是国家提出的废弃物资源化利用的重要方式。

2. 无机肥料

又称化学肥料（简称化肥）。无机肥料种类很多，一般依据肥料中所含的主要成分分为氮肥、磷肥、钾肥、微量元素肥料（简称微肥）和复合（复混）肥料等。不同化肥的有效成分、形态、性质等差异较大。

3. 微生物肥料

又称菌肥、生物肥，常用的菌类有根瘤菌、固氮菌、磷细菌和钾细菌等。微生物肥一般不含营养元素，而是通过菌的生命活动，直接或间接地产生速效养分，满足饲草作物生长发育需要，如根瘤菌可与豆科植物根系形成根瘤，联合固定空气中的氮，多种分解磷、钾矿物的微生物可将土壤中难溶的磷、钾溶解出来，转变为饲草作物能够吸收利用的形态。微生物肥料种类很多，可配合有机、无机肥料施用。

在饲草作物生产中，肥料种类的选择原则是"有机无机结合，氮磷钾配合，大量元素微量元素组合，速效缓效搭配"，做到营养平衡、配方均衡，充分发挥各营养元素的生理效能及协同增效作用，满足饲草作物对各种营养元素的需求。

（二）施肥时期

1. 基肥

基肥又称底肥，指播种前或栽植前施用的肥料。通常在播/栽前结合整地（耕翻、耙地等）施入土壤，可调节作物整个生长发育过程的养分供应。肥效持久、迟效性的有机肥料（如厩肥、堆肥、草塘肥和绿肥等）通常用作基肥，再配合施用适量的化肥。可以全田施用，也可以集中施入播种带、垄等区域。

2. 种肥

种肥是在播种或栽植时局部施用的肥料，可为幼苗生长创造良好的营养条件。施用的肥料应是幼苗能快速吸收利用的，用量不宜过多；要注意避免与种子或幼苗根系接触，以免烧种、烧根。凡浓度过大的溶液或强酸、强碱以及产生高温的肥料，如氨水、碳酸氢铵和未经腐熟的有机肥，都不宜作种肥。

3. 追肥

追肥是在饲草作物出苗后施用的肥料，是对基肥的补充，以满足饲草作物在各生长发育时期对肥料的需求。追肥以速效肥为主，追肥的时期因饲草作物种类而异，要特别注意作物营养临界期和最大效率期对养分的需求。追肥的数量和时期除根据总施肥量和作物各生育阶段的需肥特性而定外，还应根据饲草的生长与营养状况而定，即营养诊断精准追肥。

营养诊断的方法较多。

(1) 传统方法　根据外部形态特征和长势长相"看苗追肥"，这种方法比较简便，但因营养失调（不足或过盛）而表现出异常症状时已产生一定程度的危害，因此诊断不及时（滞后），而且有些症状经常由多种因素引起，容易产生误诊，经验性强，比较粗放。

(2) 植物元素分析诊断　根据某生育时期特定器官、组织中营养元素的含量判断植物营养丰缺。

(3) 生理生化诊断　根据养分缺乏所引起的某种代谢或生理生化活动变化特定酶的活性或含量、特定代谢产物的含量等进行诊断，如碳酸酐酶活性可作为锌营养诊断指标，腐胺可作为钾的营养诊断指标。

(4) 土壤元素分析诊断　根据土壤营养元素有效含量进行诊断，往往土壤营养元素有效含量低于特定值（临界值）就会引起植物养分缺乏。

（三）施肥方法

1. 施肥的范围

根据施肥的范围，可分为全田（土）施肥和集中施肥。全田（土）施肥是将肥料均匀地施于全田（土），一般采用撒施，常结合整地，将撒施于土壤表面的肥料翻入或混入土壤中，较适合于牧草、植株矮小的密植饲草作物，如黑麦草等；集中施肥是将肥料集中施于饲草作物种子或根系附近。集中施肥可提高作物根际范围内营养成分的浓度，有利于根系吸收利用，提高肥料利用率，包括穴施、沟施、条施、注射器施肥等，适用于植株较高、行株距较大的稀植饲草作物，如饲用玉米等。

2. 施肥的土层

根据施肥的土层，可分全层施肥、深层施肥和表土施肥。全层施肥是将肥料均匀施于不同土层，一般是撒施于土壤表层，再通过旋耕等方式将肥料与全耕层土壤混匀，适用于全田（土）施肥。深层施肥通常借助于施肥器等工具，将肥料施入深层土壤，避免养分的挥发损失和流失，提高肥料利用率，是一种较好的施肥方式。表土施肥是将肥料施于土壤表面，通过灌溉、降水等，将养分溶解、渗入土层和饲草作物根系附近，供其吸收利用，这种方法操作简便，适用于水田、降雨前或灌溉前，旱地土壤如果肥料干施于表土，施肥后不及时灌溉或淋雨，肥料易挥发损失，如遇大雨易流失，特别是在旱坡地上，不提倡这种施肥方法。

3. 施肥的位置

根据施肥的位置，可分为土壤施肥和叶面施肥。土壤施肥是将肥料施入土壤，通过饲草作物的根系吸收利用，是最主要的施肥方式，前面讲的都是土壤施肥。叶面施肥又称为根外追肥，是将肥料溶解于水中，通过机械喷洒于叶面，养分经叶面吸收进入作物体内，是一种特殊的追肥方法。这种方法用肥少、吸收快、效果好，能及时满足作物对养分的要求，某些肥料（如磷肥和微肥）还可避免被土壤固定。但它只能作为一种辅助的施肥方法，不能代替一般的追肥，更不能代替土壤施肥。

三、病虫害防治

(一) 病害

1. 病害的概念和类型

植物由于遭受病原生物的侵染或不适宜环境因素的影响，其细胞和组织的功能失调、正常的生理过程受到干扰，表现出组织和形态的有害变化，导致产量降低、品质变劣甚至死亡的现象，称为植物病害。病害可按下列因素进行分类。

（1）病因　按照病因可分为非侵染性病害和侵染性病害两大类，前者由非生物引起，如营养元素的缺乏，水分的不足或过量，低温的冻害和高温的灼病，肥料、农药使用不合理，或废水、废气造成的药害、毒害等，是由不适环境引起的，属于生理性病害，是不能传染的，因此又称为非侵染性病害或非传染性病害；后者由病原生物引起，有传染性，通常说的病害一般是指侵染性病害。

（2）寄主　按照寄主受害部位可分为根部病害、叶部病害和果实病害等。

（3）病原生物类型　按照病原生物类型可分为真菌病害、细菌病害、病毒病害等。

（4）传播方式和介体　按照传播方式和介体可分为种传病害、土传病害、气传病害和介体传播病害等。

（5）植物类型　按照植物类型可分为大田作物病害、果树病害、蔬菜病害、饲草作物病害和森林病害等。

2. 病害的症状

常见植物病害的症状类型有 5 类，即变色、坏死、萎蔫、腐烂和畸形；病征大体可分为（各种颜色的）霉状物、粉状物、锈状物、（黑色或褐色的）点状物、线状物、颗粒状物（如菌核等）和脓状物（溢脓）等类型。

植物病害的症状均有一定的特异性和相对的稳定性，是诊断病害的重要依据。又因症状反映了一种植物病害的主要外观特征，故许多植物病害通常是以症状来命名的，如白粉病、锈病、霜霉病等。另外，症状在不同程度上具有相似性和复杂性，故在植物病害诊断时，应综合考虑，以避免误诊。

(二) 虫害

虫害是指害虫为害植物造成的伤害和灾害。害虫主要通过取食而直接为害植物，也可通过产卵活动传播或引发病害。饲草作物的害虫有很多，最主要的是昆虫，其次还有螨类、蜗牛等。

趋光性是昆虫对光的刺激产生的趋向或背向活动，不同种类甚至不同性别和虫态的昆虫趋光性不同，多数夜间活动的昆虫对灯光，特别是黑光灯趋性较强。趋化性是昆虫对一些化学物质的刺激所表现出的反应，其正、负趋化性通常与觅食、求偶、躲避敌害和寻找产卵场所等有关。趋温性、趋湿性是昆虫对温度或湿度刺激所表现出的定向活动。饲草作物生产上可利用害虫的趋光性、趋化性进行诱杀，如频振灯、性诱剂等。

每种昆虫都有自己的取食范围，根据食物类别不同，食性可分为植食性、肉食性、腐食性和杂食性。植食性昆虫以新鲜植物体或果实为食，又根据其食性范围分为 3 类：单食性昆虫，只取食 1 种植物，如三化螟只为害水稻；寡食性昆虫，能取食 1 科及近缘科内的植物，如二化螟除为害水稻外，还为害茭白、玉米、小麦等近缘科植物；多食性昆虫，能取食不同科、属的多种植物，如玉米螟可为害40科181属200种以上的植物。肉食性昆虫以小动物或其他昆虫为食，很多是害虫的天敌，可加以利用。腐食性昆虫取食腐烂的动植物等，如蜣螂科昆虫为粪食性。杂食性昆虫既取食植物又取食动物，如蟋蟀、蚂蚁等。

(三) 病虫害的防治方法

饲草作物病虫害的防治必须贯彻"预防为主，综合防治"方针，遵循"绿色、有效、经济、安全"原则。

1. 植物检疫

植物检疫是国家或地区以立法手段防止植物及其产品在流通过程中传播有害生物的措施。通过对植物及其产品，特别是种子、苗木、接穗等繁殖材料进行管理和控制，防止危险性病、虫、杂草的传播蔓延。措施包括两方面：①禁止危险性病、虫、杂草随着植物或其产品从国外输入和从国内输出；②将在国内局部地区已发生的危险性病、虫、杂草封锁在一定的范围内，不让它传播到尚未发生的地区，并且采用各种措施逐步将其消灭。

植物检疫是强制性的，由相关的法律法规确定，由当地农业行政主管部门强制实施；植物检疫也是预防性的，是预防有害生物传播蔓延的有效措施，意义重大。

每个国家或地区都制定有植物检疫对象名单或补充名单。一般植物检疫对象需要具备以下3个基本条件：①必须是局部地区发生的，已经普遍发生的就没有进行检疫的必要；②必须是主要通过人为因素进行远距离传播的；③危险性的，即有害的，只有那些能给农林牧生产造成巨大损失的危险性病、虫、杂草才有实行检疫的必要性。

2. 农业防治

农业防治是通过适宜的栽培措施，减少有害生物种群数量或降低其侵染可能性，培育健壮植物，增强植物抗害、耐害和自身补偿能力，以减少有害生物为害损失的一种植物保护措施，其最大优点是不需要过多的额外投入，可与其他措施配套，是最经济、最基本的防治方法。农业防治的主要技术措施包括建立合理的耕作制度、进行合理的土壤耕作、选用抗病虫品种、采用科学栽培方法等。

（1）合理的耕作制度　合理的耕作制度不仅是一个地区或生产单位高产高效的前提，也可在一定程度上控制病虫害的发生。根据当地主要病虫害的发生规律，确定适宜的饲草作物，搞好作物布局，多种或增种抗病虫能力强或病虫害少的作物，建立合理的田间配置方式，增加农田生态系统的多样性和稳定性，既充分利用当地的光、温、水、土等自然资源，提高系统生产能力，又有效控制有害生物的数量和病虫害的发生与流行。

（2）合理的土壤耕作　可以通过机具的机械作用直接杀死一些病菌、害虫，或将其翻埋到深层土壤，使其缺氧而窒息死亡，或将躲藏在土中的地下害虫、病菌等翻到地表，经暴晒或冷冻而死亡，从而减轻病虫害。另外，合理的土壤耕作还能为饲草作物生长发育创造良好的土壤环境，促进其健壮生长，增加其抗病虫能力，降低病虫害损失。

（3）选用抗病虫品种　抗病虫品种是减轻饲草作物病虫害的有效手段，是育种的重要目标。饲草作物在审（认）定和推广应用之前，一般都要对其抗主要病虫害特性进行评估、鉴定，通常根据抗性表现的程度分为免疫、高抗、中抗、抗、感、中感和高感等类型。例如，转基因抗虫玉米品种通常会产生一种毒蛋白质，玉米螟吃后会因肠道穿孔而死，但对人畜安全。

（4）采用科学栽培方法　为饲草作物生长发育创造良好环境条件，促进其健壮生长，提高其抗病虫能力，并抑制病菌和害虫生育与繁殖，从而减轻病虫害的发生与为害，如适时播种、合理密植、加强田间管理。

3. 生物防治

生物防治是利用有益生物及其产物控制有害生物种群数量的一种防治技术。生物防治的优点是对人、畜安全，对环境影响小，对有害生物可长期控制，不会产生抗性问题；缺点是出现防治效果一般较慢，在有害生物大发生后常无法控制，且受气候和地域生态环境的限制，防治效果不稳定。

植物害虫生物防治的主要方法如下。

（1）以动物天敌治虫　一是利用一些取食害虫的动物治虫，如燕子、啄木鸟、青蛙等；二是以昆虫治虫，昆虫纲中以肉食性昆虫有23万余种，其中大多捕食和寄生于植食昆虫，是农业害虫的天敌，如螳螂、蜻蜓、花蝽、草蛉、步甲、瓢虫、胡蜂、食虫虻、食蚜蝇（幼虫）、茧蜂、小蜂等。

（2）以微生物治虫　即利用昆虫的病原微生物来防治作物害虫，有的还可以使昆虫种群产生流行病，达到长期控制的效果，如细菌中的苏云金杆菌，真菌中的白僵菌、绿僵菌、拟青霉菌等，病毒中的核型多角体病毒（NPV）和颗粒体病毒（GV）等。

（3）以激素治虫　即采用内激素、外激素干预害虫发育和交配，以达到防治害虫的目的。例如，利用性外激素配合黏胶、毒药、诱虫灯、高压电网等方法诱杀雄虫，或引诱雄蛾并使用绝育剂等，或使用蜕皮激素、保幼激素等内激素防治害虫。

4. 物理防治

物理防治是指利用各种物理因子、人工和器械防治有害生物的植物保护措施。常用方法：①人工和简单机械捕杀，如种子的筛选、风选、水选，拔除病株、残体，人工捕杀等；②诱杀，用灯光、食物等引诱,再用水坑、高压网等灭杀;③温度控制,利用高温、低温等处理,如温水浸种、烈日暴晒、沸水浇灌等;④阻隔分离,设置物理性障碍,阻止病虫害传播、扩散等;⑤微波辐射,利用电波、γ射线、X射线、红外线、紫外线、激光和超声波等电磁辐射进行有害生物防治。

物理防治见效快,常可把害虫消灭在盛发期前,但通常费工、费时,可作为一种辅助防治措施,对于一些用其他方法难以解决的病虫害,尤其是当有害生物大发生时,往往是一种有效的应急防治手段。

5. 化学防治

化学防治是利用化学农药防治有害生物的一种技术方法。化学防治就是通过开发适宜的化学农药品种,并加工成适当的剂型,利用适当的机械和方法处理作物植株、种子或土壤等,来杀死有害生物或阻止其侵染为害。

(1) 农药的使用方法 利用农药防治有害生物主要是通过茎叶处理、种子处理和土壤处理来保护作物,使病原微生物、害虫等接触、吸收农药而中毒。施药方法很多,主要依据农药的特性、剂型特点、防治对象和保护对象的生物学特性以及环境条件而定,目的是提高施药效率,减少浪费、漂移污染以及对非靶标生物的毒害。

(2) 农药的合理应用 化学防治具有方法简便、效率高、见效快等优点,但使用不当会使植物产生药害,引起人、畜中毒,杀伤有益微生物,导致病虫产生抗药性,造成环境污染。因此,要注意科学用药,提高农药的利用效率。

第二章 优质豆科饲草的种植技术

第一节 紫花苜蓿的种植技术

一、概述

苜蓿为豆科苜蓿属多年生草本植物,苜蓿属多为野生品种,常作为多年生栽培的有紫花苜蓿、黄花苜蓿,紫花苜蓿的蛋白质高,种植面积大。紫花苜蓿(图2-1),根粗壮,深入土层,根颈发达。茎直立、丛生以至平卧,四棱形,无毛或微被柔毛,枝叶茂盛。种子卵形,长1~2.5毫米,平滑,黄色或棕色。花期5—7月,果期6—8月。紫花苜蓿生长寿命可达数十年,一般作

图2-1 紫花苜蓿

为生产用第二至第四年产量高,4年后产量逐渐下降。

二、种植与管理

(一) 选地

应选择平坦地和缓坡地,以排水良好、水分充足、土质肥沃的油砂土或土层深厚的黑土最为适宜,内涝的低温地、多石的砂砾地等都不适宜。种植在贫瘠的黄土、白浆土、砂壤土和岗坡地上,可起到明显改土肥田的作用。

(二) 整地和施肥

紫花苜蓿种子细小,整地要求秋翻、秋耙、秋施肥,以便接受较多的秋冬降水,促进春季苗的生长。翻地深度在25厘米以上。紫花苜蓿以施基肥为主,适当搭配化学肥料,各种厩肥、堆肥、灰土粪肥等都可施用。每公顷有机肥施肥量为3 000~4 500千克,为促进紫花苜蓿初期旺盛生长,获得高产,可每公顷增施过磷酸钙2 500~3 000千克、硫酸钾150千克,与有机肥混拌后,翻地前施入。

(三) 品种选择

紫花苜蓿的秋眠级和其生产能力间存在对应关系,即秋眠级越低的品种,其春季返青越晚,收割之后再生速度越慢,产量越低。因此,在选择品种时应坚持因地制宜的原则。

(四) 播种期

紫花苜蓿可春播,也可夏播。由于种子发芽温度较低,幼苗有一定的抗旱力,所以春播要早。北方地区,地温稳定在0℃左右,3月中下旬即可播种,夏播一般在6月下旬到7月上旬,除草后再播种最为有利。延迟播种幼苗细小,扎根不良,越冬芽不健全,不能安全越冬,一般在播种后以有80~90天的生长期为好。

(五) 播种量

播种量为 19.5~22.5 千克/公顷。北方春旱地区，草荒严重的地块，可增加到 30 千克/公顷。可与温带禾本科牧草混播，混播用种量为 0.3~0.6 千克/亩。在无野生紫花苜蓿生长的地区，播种前最好接种根瘤菌。

(六) 播种方法

紫花苜蓿常用播种方法有条播、撒播和穴播 3 种。可据具体情况选用。条播行距 30 厘米，撒播时要先浅耕后撒种，再耙耱。

(七) 施肥

紫花苜蓿根部生有根瘤，能固定氮素，在一般地力条件下不必施用氮肥，但由于连茬收割，大量的磷、钾元素被植株茎叶带走，夏季收割后，每年结合行间中耕培土，每公顷追施磷酸二氢钾 450 千克或磷酸二铵 300 千克、硫酸钾 150 千克，提质增产效果相当明显。

(八) 病虫害防治

夏季是病虫害的高发期，为害紫花苜蓿的主要病虫害有霜霉病、锈病、褐斑病、苜蓿蚜、蓟马等，近年来，土蝗也有偏重发生的趋势。用 25% 三唑酮可湿性粉剂 1 000~1 500 倍液防治锈病、霜霉病；用 10% 吡虫啉可湿性粉剂 1 500~2 000 倍液防治苜蓿蚜、蓟马；用 2% 阿维菌素乳油 2 000~2 500 倍液防治土蝗、小地老虎，都能取得理想防治效果。化学防治时要慎重选择化学药剂，严禁使用剧毒、高残留农药，依据收割时间，确定合理的施用安全期，防止环境污染和植株间有害残留物超标引起牲畜中毒。

三、刈割与利用

从第一朵花出现至全株 1/10 开花时期，草营养丰富，茎叶产量高且易消化,为适宜刈割时期,年收割4~6茬。紫花苜蓿刈割留茬高度为4~5厘米,最后一次刈割应距初霜一个月,过迟不利于植株根茎部营养物质的积累。紫花苜蓿草质好、适口性强,茎叶柔嫩鲜美,无论青饲、青贮、调制青干草、加工草粉、用于配合饲料或混合饲料,各类畜禽都很喜食,也是养猪及养禽业首选的青饲料,但放牧反刍畜易得臌胀病,应混播草地禾本科牧草50%以上或避免家畜在饥饿状态时采食紫花苜蓿。

第二节　紫云英的种植技术

一、概述

紫云英(图2-2)又叫红花草,是豆科黄芪属的一年生或越年生草本植物。根肥大,须根发达;茎淡绿色或淡紫红色,柔嫩中空;叶片为奇数羽状复叶,绿色或淡绿色;花为伞形花序,花色由淡紫红色到紫红色,偶有白色;荚果细长,断面呈三角形;种子呈肾状,有光泽,黄绿色;花期2—4月;果期3—5月。

图2-2　紫云英

紫云英主要分布于我国长江流域和长江以南各省。紫云英不耐寒也不耐热，喜湿润，又忌积水，遇积水易烂苗或生长不良；耐旱性差。紫云英喜壤土或黏壤土，亦适应无石灰性冲积土；不耐瘠薄，较耐酸。

紫云英是一种重要的绿肥作物，可以提供全面的营养元素特别是氮素养分，培养地力、改良土壤。紫云英还是一种优质饲草，含有丰富的蛋白质，适口性好，各种家畜都喜食。每亩紫云英能产鲜草3 000~4 000千克，能割2~3次，可鲜喂、作干草和青贮，也可将植株的上半部收割作饲草，下半部及根部作绿肥。

二、种植与管理

（一）整地

紫云英于稻底播种，在播种前，要精细整地，清除杂草。播种前，田四周要开沟排水，适当晒田，使表土沉实至现细裂，再覆浅水播种，就可避免种子下陷。

（二）种子选择与处理

播种前将紫云英种子放入10%盐水溶液中搅拌，淘汰瘪籽、杂质、杂草。选好的种子用清水洗净捞出沥干，选晴天晒种1~2天，晒种时要摊匀勤翻、晒透。在未种植过紫云英的新区或多年未种植紫云英的土壤中，每千克种子加专用型根瘤菌剂50~70克，并加钙镁磷肥2.5~5.0千克混合拌匀播种。

（三）适时播种

3月中旬平均气温在20℃左右，昼夜温差大，对紫云英发芽有利。长江以南地区以9月中下旬至10月中旬为播种适期；长江以北地区，以8月中下旬至9月中旬为播种适期。稻底播种，在水稻收获前25天左右，较为适宜。

(四) 适时追肥

水稻收割后或紫云英 2 叶期时每亩撒施过磷酸钙 10~20 千克、氯化钾 3~4 千克。开春后，长势不良的紫云英每亩撒施 1.5~2.0 千克尿素，或喷施 1%尿素溶液。

(五) 病虫害防治

紫云英虫害主要有蚜虫、潜叶蝇、蓟马、蓝芫菁等；病害主要有白粉病、菌核病等。紫云英的病虫害防治，要根据当地情况做好防备工作，并选择正确有效的防治方法。防治方法包括物理防治、生物防治以及药物防治。

三、刈割与利用

紫云英成熟后应适时收割。一般以 70%~80%的果荚发黑时为适宜收获时期，且最好在上午 9 时前露水未干时抢收，阴天可整天收。一年可刈割 2 次或 3 次，一般每公顷鲜草产量为 22 500~37 500 千克，最高可达 60 000 千克。紫云英也可绿肥牧草兼用，利用其上部 2/3 作饲料喂猪，下部 1/3 及根部作绿肥。紫云英营养品质好，可鲜青饲，也可制作成干草或加工成青贮。

第三节 三叶草的种植技术

一、概述

三叶草（图 2-3）是豆科三叶草属的一年生或多年生植物，是多种拥有三出指状复叶的草本植物的通称，全世界约有 360 种，主要分布于温带地区。其中，在农业上有经济价值的有 10 余种，以白三叶和红三叶最为常见。三叶草的茎叶细软，叶量丰富，粗蛋白质含量高，粗纤维含量低，适口性好，各类家畜都喜食。

图2-3 三叶草

二、种植与管理

(一)白三叶的栽培与管理

1. 种植方式

种子田每亩播种0.20~0.25千克,人工草地每亩播种0.4~0.5千克;湿润地区播种量小,干旱地区播种量大。播种深度为1~2厘米。播种过深不易出苗,要根据土壤质地和干湿情况适度掌握。自20世纪80年代以来,在我国南方地区广泛建植,草地建植混播组分多样,常见类型有鸭茅+多年生黑麦草+白三叶草地、多年生黑麦草+白三叶草地、鸭茅+白三叶草地、鸭茅+红三叶草地、扁穗牛鞭草+红三叶草地、扁穗牛鞭草+白三叶草地、白三叶+紫羊茅草地、白三叶+草地早熟禾草地、白三叶+无芒雀麦草地等。

2. 选用良种

白三叶种子硬实率较高,播种前要用机械方法擦伤种皮,或用浓硫酸浸泡腐蚀种皮等方法进行种子处理后再播。硫酸浸泡方法:浸泡20~30分钟,捞出用清水冲洗干净,晾干播种。

3. 适时播种

春、夏、秋三季均可，但较高寒地区，以春、夏两季播种为好，如行秋播，则应早播，可使幼苗有 1 个月以上的生长时间，以利于越冬。播种方法多样，可以单播，也可以混播，可以条播，也可以撒播。

4. 合理密植

种子田需单播、条播，行距为 40~50 厘米；人工草地单播或混播，可以条播也可以撒播，条播行距为 20~30 厘米。与禾本科牧草混播，白三叶可占 40%~50%。

5. 科学施肥

结合深耕施足底肥，每亩施有机肥料 1 500~2 000 千克，混入过磷酸钙 15~20 千克，在湿润环境下堆积发酵腐熟 20~30 天，施用，播种前再浅耕土壤，每亩施 5~8 千克硝酸铵等促进幼苗生长，充分发挥生产潜力。

6. 田间管理

播种后出苗前，如土壤板结，要及时耙糖，破除板结层，以利于出苗。生长 2 年以上的草地，土层紧实，透气性差，在春、秋两季返青前和放牧或刈割后的草地再生前，要耙地松土，并结合松土追肥，每亩施过磷酸钙 20~25 千克或磷酸二铵 5~8 千克，以利于新芽新根生长发育。白三叶对土壤水分要求较高，有灌溉条件的，在土壤干旱时，结合追肥灌溉。混播草地，因牧草前后期生长速度不同，出现争光、争水、争肥等不协调生长时，或因偏施氮肥，使白三叶生长受到抑制时，应通过偏施磷、钾肥，刈割或放牧来调整生长，控制禾本科牧草生长，避免白三叶受抑制或从混播草地中消失。

（二）红三叶的栽培与管理

1. 整地

红三叶忌连作，不耐水淹。在同一块土地上最少要经过 4 年后才能再种。

2. 适时播种

在南方，红三叶播种期一般选择秋季，如果是在海拔较高的地区，夏天播种最佳；在北方，可在早春土壤解冻后播种。

3. 合理密植

播种方法可以选择混播、单播和撒播等，深度2～3厘米。红三叶条播时行距30厘米左右，播种后要耱地镇压。单播时每公顷播种量10.5～15.0千克，混播时每公顷播种量7.5～10.5千克。播种后保持土壤湿度，3～5天即可发芽。

4. 田间管理

红三叶幼苗生长缓慢，易被杂草为害，苗期要及时松土锄草，以利于红三叶苗生长。出苗前如遇水造成土壤板结，要用钉齿耙或带齿圆形镇压器等及时破除板结层，以利于出苗。在保护作物下播种的，要及时收割保护作物，减少抑制，保护作物刈割留茬高度为15厘米以上，以利于冬季积雪，保护越冬。生长2年以上的草地，在早春返青前和每次刈割或放牧后要耙地松土，改善土壤通透性，深度2～3厘米。红三叶在生长过程中所需磷、钾、钙等元素较多，结合耙地每亩要追施过磷酸钙20千克，钾肥15千克或草木灰30千克。

三、刈割与利用

（一）白三叶的刈割与利用

白三叶形成有效草层覆盖后，应经常刈割利用，或间隔翻压以增加土壤有机质含量。春播当年亩产鲜草1 000千克，以后每年刈割2～4次，亩产青草2 500～4 000千克，高者可达5 000千克及以上。5月中旬为盛花期，花期长达2个月，种子落下后，又可陆续生长。白三叶具有极高的营养价值，其干物质消化率高达75%~80%，开花期干物质中含粗蛋白质20.8%、粗脂肪1.1%、粗纤维26.3%、无氮浸出物42.0%、粗灰分10%、钙1.34%、磷0.41%。白三叶无论是放牧还是刈割都是利用其叶片，在不同的生育阶段其营养成分和利用价值比较稳定，加上白三叶适口性极好，耐牧性强，亦耐刈割，年刈割3~5次，各种家畜均喜采食，是牛、羊、猪、禽、兔、鱼的优质饲草。

(二) 红三叶的刈割与利用

红三叶开花不一致，种子成熟不整齐，收种应在70%~80%的花序变为黄褐色、花茎呈深黄色、种子呈棕黄色时进行。晒干脱粒后再晒1~2天，贮存于冷凉、干燥、通风的库内，防潮、防鼠。单播收草的红三叶，作青饲应在孕蕾期至初花期刈割，晒制青干草的应在初花期至盛花期刈割；放牧利用宜在株丛高度15~20厘米时开始。每次放牧或刈割利用留茬高度不得低于3厘米，播种当年不宜放牧，初次刈割要在初花期后进行，再生草在土壤封冻后再作放牧利用。无论收草还是收种，红三叶一般可利用3~4年。

第四节　草木樨的种植技术

一、概述

草木樨（图2-4）是豆科草木樨属的二年生草本植物。茎直立粗壮，多分枝，具纵棱，微被柔毛；羽状三出复叶，全缘或基部有1个尖齿，小叶倒卵形、阔卵形、倒披针形至线形，边缘具不整齐疏浅齿；总状花序腋生，花初时稠密，花开后渐疏松，花序轴在花期中显著伸展，花冠黄色，旗瓣倒卵形；荚果卵形，先端具宿存花柱，表面具凹凸不平的横向细网纹，呈棕黑色；种子卵形，平滑且呈黄褐色；花期5—9月；果期6—10月。

图 2-4 草木樨

草木樨具有耐寒、耐旱和耐盐碱的能力,适宜在多种环境条件下推广种植。尽管其栽培不如紫花苜蓿和三叶草广泛,但在土地贫瘠、水分条件不充足的地区,草木樨可作为先锋作物改良土壤、保持水土。

二、种植与管理

(一) 播前处理

草木樨种子细小,新鲜种子硬实率 40%~60%。种皮较厚,播前可擦破种皮或用 10% 酸液浸种 30~60 分钟。生产实践中,常用碾子或碾米机擦破种皮和低温冷冻处理。播前需精细整地,氮、磷肥配施并进行根瘤菌拌种。

(二) 播种方式

草木樨以种子直播为主,还可与燕麦、大麦、小麦等混播。播种方式可条播亦可撒播,条播行距 20~30 厘米,每公顷播种量 11.25~22.50 千克,覆土深度湿润地区 1~2 厘米,干旱地区 2~3 厘米,播后及时镇压。

(三) 播种期

草木樨春、夏、秋均可播种,在北方以早春解冻后趁墒播种最佳。

(四) 科学管理

单播时，早期应注意防除田间杂草，一般苗高10~20厘米时除草。分枝期、刈割后及翌年再生草刈割后要追施磷、钾肥，并及时灌溉。

三、刈割与利用

春播草木樨当年可刈割2次或3次，每公顷鲜草产量为22 500~30 000千克，翌年每公顷产青草52 500~75 000千克，每公顷产种子600~900千克。草木樨再生能力较差，为增加再生草的生长，最好在花前或孕蕾初期刈割，留茬15~20厘米，初花期刈割可获得较高的干草产量（10 285千克/公顷）及最高的粗蛋白质产量（1 859千克/公顷）。草木樨营养物质丰富，粗蛋白质和粗脂肪含量较高，同时还含有大量的胡萝卜素和矿物质等，是重要的饲草之一，可饲喂各种家畜，尤其适于饲养猪和牛，青饲、调制干草、放牧或青贮均可。草木樨茎叶繁茂，营养丰富，但因其植株含香豆素，带有苦味，适口性较差，常与谷草或紫花苜蓿混合饲喂。马、牛、羊、猪饲喂效果都很好，但饲喂过多会引起香豆素中毒。一般应在幼嫩时或晒制干草后饲喂。最宜青贮，因产生大量的乳酸，可抵消香豆素的作用，提高其适口性。

第五节 箭筈豌豆的种植技术

一、概述

箭筈豌豆（图2-5）是豆科野豌豆属植物，一年生或越年生草本植物，灌木状，是冬季绿肥作物。箭筈豌豆的抗寒能力比较强，但不耐高温，喜温和湿润的气候。高40～100厘米，根茎粗壮，直径可达2厘米，根瘤多，花冠呈紫红色。花期6—7月，果期8—10月。多分布于我国云南、湖北、陕西、甘肃、河南、四川等地。生于海拔600～2 900米的林下、河滩、草丛及灌丛，在甘肃海拔3 000米以下的农牧区都可种植。

图2-5 箭筈豌豆

二、种植与管理

（一）整地施肥

箭筈豌豆种植对土壤的要求不太严格，适宜在pH值6～6.8、排水良好的肥沃土壤和砂壤土上种植。耐酸耐瘠薄能力强，但是耐盐能力差，能在pH值5.0～8.5的砂质至黏质土壤上生长良好。深耕以秋耕最好，耕深18～20厘米，东北地区以春播为主。播种之前要施足底肥，深耕、耙糖、整平地面。每亩可施有机肥1 500～2 000千克、过磷酸钙20千克作底肥，播种时可施磷酸二铵等复合肥为种肥，促进幼苗生长。

（二）播种技术

秋播一般在9月上旬至9月下旬；春播以2月下旬为好，宜早不宜迟。无论单播还是混播,最好采用密条播,行距以20~30厘米为宜。箭筈豌豆子叶不出土,播种深度一般3~4厘米。如果墒情不好,可播深一些。旱地采用条播或穴播,稻田套种则以撒播居多。播种后覆土2~3厘米。可与黑麦草、紫云英等混播。

(三) 浇水

箭筈豌豆在生长发育期对水分的需求量较大,缺少水分则其生长容易受到影响。在箭筈豌豆出苗后的1周,如果天气偏干旱,一定要及时浇水,以达到保苗的效果。在箭筈豌豆的生长中期和旺期,要根据天气情况判断是否浇水,推荐喷灌技术。

(四) 施肥

箭筈豌豆对土壤肥力要求不高,但施用磷肥有明显的增产效果,一般每亩基施15~25千克过磷酸钙,可起到以小肥养大肥、以磷增氮的作用。箭筈豌豆对硼、钼比较敏感,可用0.01%的钼酸铵溶液浸种或在初花期用0.1%的硼酸溶液喷洒1~2次,可提高产粒量10%~20%。

(五) 病虫害防治

箭筈豌豆在幼嫩期时容易感染蚜虫和白粉病,注意提前防治。在病虫害还没有形成规模的时候,就要配制好药剂,每隔1周喷洒1次。

三、刈割与利用

箭筈豌豆的刈割时间应因地制宜,根据其利用目的也有所差异,如果是用来刈割干草,最好在盛花期至结荚初期刈割。如果是利用再生草,可以在盛花期刈割,留茬高5~6厘米,结荚期留茬13厘米左右。

箭筈豌豆用以青饲、放牧、青贮、调制青干草均可。适口性好,各类家畜较喜食,但要适量食用。放牧宜在干燥天气进行,避免牛、羊因过量采食而产生瘤胃臌气。青贮时要稍微晒后再与其他牧草搭配食用。最适宜刈割期应在开花期至始荚期。如果是要调制干草,那么刈割的束捆要稍微小一些,堆放的地方要通风,防止会有霉烂发生变质。

第六节 毛苕子的种植技术

一、概述

毛苕子(图2-6)是豆科野豌豆属一年生或越年生草本植物。直根系发达,茎细,蔓长,长1.5~3米,分枝20~30个,叶为羽状复叶,小叶5~10对,顶端生有卷须,茎叶上有茸毛。小花蓝色,20~30朵排列成总状花序(小花垂于一侧),荚果扁长。

图2-6 毛苕子

毛苕子不仅是一种优质的绿肥,还是一种优良的豆科饲草,它茎叶柔软,适口性好,富含蛋白质和矿物质,猪、鸡、鸭、鹅等均喜食，可以青饲、放牧、制作干草。

二、种植与管理

(一) 土壤与耕作

毛苕子对土壤要求不严格，但性喜砂质、壤质中性土壤，也可在微酸性或微碱性土壤、干旱贫瘠地种植，但不适宜在低凹潮湿或积水地种植。种子田应在上年前作收获后及时进行伏耕或秋耕，在灌区进行冬季泡地，做好灭茬除草蓄水保墒工作，翌年早春及时播种。复种时要边收前作边整地播种。

(二) 施肥

播种前在翻耕、整地的同时施足有机肥，每亩 1 500~2 500 千克，并每亩施过磷酸钙 25~50 千克或磷酸二铵 10~15 千克作底肥，对牧草和种子生产均有良好效果，磷肥还能促进根瘤固氮。

(三) 播种技术

1. 种子处理

毛苕子种子硬实率比较高，出苗率仅为 50% 左右，特别是新收种子，其硬实率更高，因此播种前应对种子进行处理。种子处理的方法是用机械划破种皮或用温水浸泡 24 小时后再播种，以提高出苗率，保证全苗、壮苗。

2. 播种期

种子田，以早春或上年入冬时寄籽播种，冬小麦种植区，也可于上年秋季播种，留苗过冬。收草或用作绿肥的，可早春、晚春、初夏或夏作收获后复种均可。

3. 播种量

一般每亩需要 3 千克种子，从播种到荚果成熟需要 140 天，南方秋播生育期更长一些。茎叶细长，单播时匍匐蔓延，互相缠绕，还可以刈割作饲草，可以和禾本科黑麦草、燕麦、大麦等作物混播，混播后，毛苕子能增产39%，黑麦草增产24%，效果明显。

4. 播种方法

种子田应单播、条播或穴播，条播行距40~50厘米；收草地可撒播或条播，行距为20~30厘米；播种后进行镇压。套复种的种子，应在播种前2~3天用水浸种，水量以与种子齐平为宜，2~3小时翻动1次，待有50%左右的种子萌动时下种。播种深度一般2~3厘米，土壤湿润黏重时宜浅，土壤干燥疏松时宜深。

(四) 田间管理

毛苕子幼苗生长缓慢，易受杂草为害，应及时中耕除草，加强护青管理工作。种子田切忌牲畜为害，中耕深度3~6厘米，进行2~3次。当植株生长封垄后，毛苕子可抑制杂草生长。毛苕子虽然抗旱耐瘠薄，但在干旱区适时灌水和追肥，对丰产还是很重要的。在甘肃河西，早春播种的，于5月底6月初灌头水，并适量追施氮肥，每亩施硝酸铵2.5~5千克，如生长繁茂，可不必追肥；6月下旬灌二水，7月中旬灌三水，一般全生育期灌3次即可。与小麦套种的，宜高茬收割小麦，留茬高度15~30厘米，麦收后立即灌水泡茬，并每亩追施硝酸铵2.5千克，促进快速生长。在夏作收割后复种时，要抓紧时间抢收，边收割边拉运边整地下种；亦可在夏作收割后，立即撒种子，再用圆盘耙耙2遍，达到覆土、松土目的；播后及时灌水；待出苗后土壤适宜耕作时耙松表土。

三、刈割与利用

毛苕子是无限花序，种子成熟很不一致，过于成熟易爆荚落粒，因此要掌握时机适时收割。当有70%的荚果变成暗褐色时即可收割，收割时间宜在早晨露水未干时进行，随割随运，晒干脱粒。毛苕子在分枝期，其鲜草多汁细嫩，营养价值高，但产量低；结荚期时产量虽高，但纤维素含量增加，营养价值降低；用作青饲的可从分枝期到结荚期以前陆续分期连片刈割利用，但以初花期最佳。用于猪的青饲，在分枝期到开花前刈割。用于牛、马的青饲，在开花期到结荚期刈割。用于调制干草或草粉，宜在盛花期刈割。如要利用再生草，须在分枝期到孕蕾期刈割，留茬高度10厘米。若齐地面刈割或刈割过迟，则不能再生。如要刈牧兼用，可先行放牧再任其生长，再刈割或留种；或于花前刈割，利用再生草放牧，最后刈割或放牧第二次再生草。无论放牧还是刈割青饲，在饲喂复胃家畜时要谨防得臌胀病，不能单一采食过量，最好与其他禾本科牧草掺和饲喂。

用毛苕子籽实做精饲料时，因其含有生物碱或氢氰酸，不宜长期单一饲喂。饲喂时需经过去毒处理或与其他饲料搭配饲喂。去毒方法是将籽粒磨碎、浸泡、蒸煮或淘洗等，效果均较好，最好选用氢氰酸含量低的品种栽培，作为饲料利用。用于绿肥的鲜草翻压量，一般水浇地每亩不超过2 000千克，旱作地每亩以1 000~1 500千克为宜。高产田可将上半部刈割用作饲料，下半部翻压作肥料，或者分开翻压利用。旱田要随翻随耱，不晾垡跑墒，灌区翻后要灌水沤制。翻压后需要在短期内播种后作的，也需经过10~15天的沤制发酵，否则会因发酵使土壤缺氧和聚积有毒物质，影响后作正常生长。毛苕子还可与小麦、玉米、高粱、大豆等作物轮作，达到改土肥田的目的。

第七节　金花菜的种植技术

一、概述

金花菜（图2-7）又名黄花苜蓿、刺苜蓿、草头，是多年生草本植物。根系主要分布在15~20厘米土层内。植株匍匐生长，有棱，疏被白色柔毛，高度8~12厘米，开展后10~12厘米，分枝性强。羽状复叶互生，小叶5片，基部2片小叶较顶端3片小叶小，顶端小叶呈倒披针形，长度1厘米，宽度2~5毫米，先端短尖，基部楔形，全缘，两面脉上疏被细长白色柔毛。

图2-7　金花菜

金花菜性喜冷凉气候，耐寒性较强，对土壤的适应性较强，但是以富含有机质、保水保肥力强的黏土和冲积土最好。

二、种植与管理

（一）茬口安排

金花菜虽然春秋两季都可以栽培，但是秋季幼苗生长旺盛，品质好，所以以秋季栽培较多。一般选择在9月下旬至10月上旬可以腾茬的早、中稻茬口或者其他茬口栽培。

（二）整地

栽培金花菜要选择地势高爽、排灌良好、远离污染源、肥沃疏松的砂质壤土进行种植。翻耕整地，结合整地每亩施腐熟的人畜粪2 000千克、生物肥50千克、过磷酸钙50千克、碳酸氢铵25千克或者尿素8千克作为基肥。然后筑畦，畦宽3米，沟深15厘米，并每隔15~20米挖一横沟，达到沟沟相通、沟渠相通。播种前清除残茬、杂草，精整畦面，力求平整。

（三）播种

金花菜栽培前，要选用耐寒、抗逆性强、品质好、色泽金黄，发芽率在85%以上的小叶种品种。播种前，用55~60℃的温水浸泡大约5小时，然后用稀河泥浸泡1~2天，稍滤一下，再用草木灰及适量磷肥拌和，搓揉成颗粒后等待播种。

播种时，以条播和撒播为主。条播时，播幅10~15厘米，空幅8~10厘米，顺畦人工播种，每亩用种20~30千克。撒播时，要按畦均匀播种，每亩用种25~35千克。播种后用泥浆或者草屑、草灰覆盖，使种子与土壤紧密接触。

（四）田间管理

金花菜播种后要确保墒情好，土壤持水量在60%以上，大约10天金花菜的种子即可出苗，出苗期间如果有旱情可以进行喷灌或者沟灌，生长期间应该保持适宜墒情。如果遇到干旱，要勤浇水；若遇到阴雨，要及时排水，做到田间不积水。幼苗生长过程中如果有杂草，可以采用人工除草的方法进行防治。金花菜幼苗生长过程中的病虫害发生较少，一般无须防治。但是，如果发现蚜虫、小球菌核病等，可以用高效、低毒、低残留的生物农药防治，也可以采用防虫网覆盖及频振式灭虫灯杀灭成虫。

三、刈割与利用

金花菜秋播地区在肥水较好的情况下，每年可刈割1~2次，刈割留茬高度5厘米左右。金花菜作为牧草可鲜饲，亦可调制成青贮饲料。鲜饲时，宜在分枝期刈割利用；用于调制青贮料，宜在盛花期刈割利用。单一饲喂该草易使家畜得臌胀病，应搭配其他饲草饲喂。

第八节　红豆草的种植技术

一、概述

红豆草（图2-8）是多年生豆科植物。根系强大，侧根细而多，分枝多，高40~80厘米。茎直立，中空，被向上贴伏的短柔毛。小叶片长圆状披针形或披针形，长20~30毫米，宽4~10毫米。总状花序腋生，明显超出叶层；花多数，长9~11毫米，具1毫米左右的短花梗；子房密被贴伏柔毛。荚果具1个节荚，节荚半圆形，上部边缘具或尖或钝的刺。

图2-8　红豆草

红豆草茎秆柔软，适口性好，营养丰富，蛋白质含量高，为各类畜禽所喜食。因其含丹宁，家畜采食后不得臌胀病。

二、种植与管理

(一) 种植时间

红豆草在干旱、半干旱区春季土壤解冻后及时抢墒播种,如土壤墒情过差时,也可在初夏雨后播种,播种后一定要镇压提墒,以利于出苗。在湿润、半湿润区,春、夏、秋三季都可播种,秋播的不应迟于8月中旬,否则幼苗越冬不好。

(二) 播种量

红豆草的播种量5~6千克/亩。用量和种植环境有关,在比较贫瘠、墒情较差的地块用量可酌情减少。

(三) 播种方法

播种之前要先整地,翻耕后须及时耙地和压地,粉碎土块,平整土地。翻耕前施有机肥1 000~2 000千克/亩和过磷酸钙100~150千克/亩作基肥。在酸性土壤上应增施石灰。土壤瘠薄时,播前还可施尿素5~10千克/亩、磷酸二铵5~6千克/亩。

红豆草种子较硬,带有荚壳,播种之前需要提前用清水浸泡一夜。播种方法一般采用条播,种子一般带荚播种,荚壳去除后反而破坏了植物本身的自我保护。播种时注意控制好行距,湿润和灌溉区行距20~30厘米,干旱地区30~40厘米。播种深度在黏土和湿润土壤2~3厘米,中、轻壤土和干旱地区3~4厘米,最深不能超过5厘米,播种之后覆土2~3厘米,进行镇压,有利于出苗。红豆草在出芽时胚根从豆荚壳的一个大网眼中穿出,一般种植7~10天可以出苗。

(四) 除草

红豆草种子大,出苗破土能力强,但仍需注意出苗时的土壤板结问题。播后下大雨易土壤板结,须适时耙地,灌溉地出苗前不要浇水,否则会影响出苗。播种当年,初期生长缓慢,易受杂草为害，应及时除草。在植株已形成莲座叶簇时，要中耕除草。在灌溉地区，应结合浇水进行施肥，以促进草层的生长发育。返青前和每次刈割后，也可以进行中耕除草。

(五) 追肥

红豆草的生长期、返青期、每次刈割前10天左右和入冬前各灌水1次。可追施尿素5～7千克/亩、磷酸二铵7～10千克/亩。北方土壤中大多富含钾，可满足红豆草的生长需要，一般较少施用钾肥。

(六) 浇水

红豆草虽然抗旱，但对水分反应很敏感，生长第二年的红豆草，生长期灌水1次对提高种子产量和越冬率均有明显效果。在年降水量350毫米以下的地区，有条件者可灌溉。

(七) 病虫防治

红豆草在生长期间容易感染锈病、白粉病和菌核病。在生长后期发现病害应提前刈割。锈病防治可采用波尔多液、硫磺、石硫合剂、代森锌、福美双、萎锈灵等，自发病初期起，每7～10天喷1次。白粉病用硫磺、多菌灵、甲基硫菌灵等。菌核病可采取土表撒施五氯硝基苯预防。害虫有苜蓿叶象甲、青叶跳蝉等，可喷洒溴氰菊酯、氰戊菊酯等药物。在刈割前20天内禁止用药。

三、刈割与利用

(一) 放牧

播种当年的红豆草地，秋季绝不允许放牧家畜，否则越冬不良，并促使翌年草层稀疏，进而使产草量和产籽量下降，种植第二年开始放牧。

(二) 收割

红豆草适宜刈割鲜草的时期为初花期，这时刈割单位面积的蛋白质产量最高。通常开花盛期以后刈割,再生草产量低。开花前刈割,在水肥条件好时,可以刈割2次或3次,头茬草产量最高,以后则渐次降低。在甘肃地区红豆草刈割3次较合适。频繁刈割不仅当年产草量低,也影响第二年及其以后的产量,使其寿命明显缩短,留茬高度一般4~5厘米。

(三) 利用

从干物质消化率来看,红豆草高于紫花苜蓿,低于白三叶和红三叶。其干物质消化率在开花期至结荚期一直保持在75%以上,进入成熟期之后干物质消化率才降至65%以下。再生草的干物质消化率在生长7周之后下降到65%,这种下降速度比紫花苜蓿还要快些。

青年羊在普通红豆草地上自由采食时,其生长状况都比较好。红豆草可以青饲或作干草,初花期刈割青饲,盛花期刈割可调制干草。红豆草还可以和其他草料加工成草粉和制作青贮饲料,适口性好,许多家畜都比较喜食。

第三章 优质禾本科饲草的种植技术

第一节 象草的种植技术

一、概述

象草（图3-1）又名紫狼尾草，是禾本科狼尾草属多年生丛生大型草本植物，常具地下茎。秆直立，高可达4米，叶鞘光滑或具疣毛；叶舌短小，叶片线形，扁平，质较硬，上面疏生刺毛，下面无毛，边缘粗糙。圆锥花序；主轴密生长柔毛，刚毛金黄色、淡褐色或紫色，生长柔毛而呈羽毛状；小穗披针形，近无柄，脉不明显；花药顶端具毫毛；花柱基部联合。叶片筒状、壁厚。花果期8—10月。

图3-1 象草

象草柔软多汁,适口性好,利用率高,牛、马、羊、兔、鸭、鹅等喜食,幼嫩期也是养猪、养鱼的好饲料。除四季给畜禽提供青饲料外,象草也可调制成干草或青贮。

二、种植与管理

(一) 种植方式

种植象草宜选择排灌方便、土层深厚、疏松肥沃的土地,耕深至少 30 厘米。由于象草种子成熟后易脱落,且结实率和种子发芽率均较低,故在生产上常采用茎秆进行无性繁殖。

(二) 适时播种

象草对种植时期要求不严格,在平均气温达到 14℃ 即可采用种茎播种。栽培时间以春季 3 月上旬至 3 月下旬为宜,暖冬年份可在种茎收获期进行冬植。按行距 50 厘米左右开沟,肥力差的土壤行距稍密些,开沟深度 4~5 厘米,冬植时沟深 8~10 厘米,以保护种茎安全过冬。开沟后将种茎平放沟内,1 沟摆 2 行(矮象草摆 1 行),并错开节位,施钙镁磷肥 450~750 千克/公顷于行沟内,覆土 5~8 厘米。

(三) 播种密度

在坡地上种植不用筑畦,在水田种植则以 1 米宽左右筑畦,同时要施入充足的底肥。使用生长至少 100 天、无病虫害的茎秆作为种茎,3~4 节切成一段,2~3 节斜插入土,行距 50~70 厘米,株距 40~50 厘米,每畦 2 行,覆土 5 厘米;或将种茎平放,芽向两侧,覆土 5 厘米;也可挖穴种植,穴播采用类似方法选择种茎,穴深 15~20 厘米,种茎斜插,每穴 1 苗或 2 苗。

(四) 施肥与除草

象草为多年生牧草,产量增长潜力大,需肥量大。在整地时施入有机肥 15 000~30 000 千克/公顷,也可施入复合肥 150~250

千克/公顷作基肥。生长前期要及时中耕锄草。一般株高长到100~120厘米时刈割较为适宜。象草出苗在春季，一是杂草多，要进行1次或2次中耕锄杂，并施尿素75~120千克/公顷催苗；二是雨水多，低洼地要开沟排水，防止积水。一般在株高80厘米以上刈割利用。利用时宜切成3厘米长度。再生分蘖从基部萌发，刈割时留茎基部1个或2个茎节。夏秋高温天气，遇干旱有灌溉条件的要及时灌溉，可显著提高产量。象草移植后要及时灌水，保证土壤湿润。苗期生长慢，要及时中耕除草。每次刈割后，也应及时中耕除草和追肥。

三、刈割和利用

象草一般多用作青饲，但亦可晒制干草或作青贮。象草当株高100~130厘米时即可刈割头茬草，每隔30天左右刈割1次，1年可刈割6~8次，留茬以5~6厘米为宜。割倒的草稍等萎蔫后切碎或整株饲喂畜禽，这样可提高适口性。象草割倒后，就地摊晒2~3天，晒成半干，搂成草垄，使其进一步风干，待象草的含水量降至15%左右时运回保存，严防叶片脱落。

象草是一种茎秆粗高、含糖量大、粗蛋白质和无氮浸出物含量高、总能含量也较高的新型植物饲料。可以用于饲喂牛、羊、兔、猪、鹅、鱼等。适时刈割的象草柔软多汁，适口性好，消化率高，蛋白质丰富，非常适用于饲喂畜禽。

第二节　羊草的种植技术

一、概述

羊草（图3-2）是禾本科赖草属植物。羊草须根具沙套；秆疏丛生或单生；叶平展或内卷；穗状花序直，小穗粉绿色，熟后黄色，外稃披针形，无毛；花果期 6—8 月。该草由于耐践踏，耐放牧，绵羊、山羊特别爱吃而得名。

羊草抗寒、抗旱、耐碱、耐瘠薄、耐风沙，不耐水淹；羊草具有很强的适应性，在平原、山坡、砂壤土中都可生长。羊草可用种子繁殖，也可用根茎无性繁殖。

羊草叶量多，营养价值高，适口性好，各类家禽一年四季均喜食，是优良的放牧场草种。羊草根茎穿透侵占能力很强，且能形成强大的根网，盘结固持土壤作用很大，是很好的水土保持植物。羊草的茎秆也是良好的造纸原料。

图 3-2　羊草

二、种植与管理

（一）整地

播前精细整地。在早春土壤化冻 10 厘米左右时即可进行整地，要求适时、精细、田面平整。盐碱地不建议深翻，表层浅旋即可，深度以不超过 15 厘米为宜。

(二) 播种技术

1. 种子处理

羊草种子休眠性强,发芽率较低。播种前7~10天,建议采取以下种子预处理,发芽率提高到70%以上时再播种,以提高出苗率。播种前1周,将干燥的种子在阳光下摊开晾晒2~3天,再用冷水浸泡7天,1~2天换1次清水以防发霉,放在走廊阴凉处即可。有条件的地方最好放在4℃低温冰箱里浸泡1周,晾晒去水即可播种,低温浸种有利于打破羊草种子休眠,促进羊草种子萌发,提高发芽率。

2. 播种量

根据种子发芽率与保苗数确定播种量,一般以2~4千克/亩为宜。播种量太小,抓不住苗,容易受到杂草为害;播种量太大,幼苗纤细,影响根茎快速发育,同时会造成种子浪费,增加种植成本,降低经济效益。

3. 播种深度

羊草种子小,发芽拱土能力弱,播种宜浅不宜深。最适播种深度以1~2厘米为宜,不超过3厘米,播种太深出苗困难,出苗不整齐,容易造成缺苗断条。

4. 播种行距

行距20~40厘米,砂质土可适当增加播种行距,黏质土适宜窄行距。

5. 播种方法

建议采用机械条播或撒播、穴播方式播种。以条播多见,砾石较多不利于机械作业的地块可以人工撒播或穴播。撒播还可以将播种机上的开沟器卸掉,种子自然脱落地表,作业中经常疏通排种管,以防堵塞。

6. 羊草育苗移栽技术

在盐碱化地段上建植羊草人工草地可采取羊草育苗移栽技

术，保证羊草人工草地建植成功。

（1）羊草种苗培育技术　畦田条播育苗：做成宽1.5~2.0米的苗床，两侧开沟以排水便利，在畦田上条播，播幅10厘米开小沟，将种子人工或机械条播，密度为每10厘米50~80粒，然后覆土1~2厘米，不用施底肥。水分管理：播种后浇透水可用地膜覆盖、保持湿润状态，1周后出苗可揭去地膜，避免烧苗。根据土壤墒情适当补水。

（2）羊草人工移栽技术　在羊草苗长到10~15厘米时可进行移栽。羊草宜栽期较宽，最好选择在6月雨季前进行移栽。一般可采用50厘米×50厘米密度进行移栽，每穴移苗8~10株。羊草实生苗的移栽适宜深度8~10厘米，浇水覆土，覆土不要过厚，用细土埋好即可，最厚不宜超过10厘米，否则会严重降低移栽羊草的成活率。

（三）灌水

有灌溉条件的地区，播前灌水1次。播种后如遇土壤板结，应及时喷水以缓解板结，直至种子出苗。如遇长期干旱应及时灌溉，保持土壤含水量，以利于出苗、保苗。灌溉时间应根据土壤含水量而定，一般适宜含水量的标准是土壤"握之成团，触之即散"。土壤含水量过低，易造成土壤板结，由于羊草出苗顶土能力弱，会发生种子萌发但不出苗的情况，因此，羊草在种植初期应特别注意及时补水。

（四）施肥

羊草是喜氮植物，增加氮肥可以促进其光合作用，显著提高产量和蛋白质含量。羊草出苗后需氮肥较多，充足的氮肥条件下能加速生长。一般每亩可施堆肥或厩肥0.5~1.0吨作基肥；根据土壤养分状况，每亩可施硫酸铵或尿素7.5~10.0千克，作基肥或出苗后追肥。

（五）杂草防治

羊草高度 5~8 厘米时，采用轻型齿耙斜向耙地 1~2 次，也可人工除草 1~2 次。在羊草分蘖期，可每亩用 10% 苯磺隆可湿性粉剂 5~7 克，兑水 30 千克喷雾。

（六）病虫害防治

羊草病害主要有锈病、线虫病。锈病可用代森锌、福美锌等药剂喷施。

羊草虫害防治原则是"预防为主，综合防治"。羊草常见病虫有黏虫、蝗虫等。应适时刈割，清除杂草，减少虫源；保护和利用天敌控制害虫。

三、刈割和利用

（一）放牧

羊草是优良牧草，可供放牧用。在 4 月下旬至 6 月上旬即羊草拔节期至孕穗期的 40 天左右为放牧适期。此时正是羊草生长快、草质嫩、适口性好、牲畜急需补青的时期。早春在羊草草地放牧，必须轻牧，以防草地退化。在长势良好的羊草草地，每亩每次牧牛不超过 3 头，羊不超过 7 只，放牧 1~2 天，隔 10 天左右再放牧 1 次。羊草到抽穗时草质老化，适口性降低，应停牧。

（二）调制干草

羊草干草是家畜重要的饲草来源，必须适期刈割，精心调制，一般在拔节期至孕穗期刈割。

（三）采种

羊草种子是建造人工草地的基本生产资料。羊草开花后 30 天左右种子成熟。在 7 月中下旬，当穗头开始变黄、籽粒变硬时即可采收。

第三节 黑麦草的种植技术

一、概述

黑麦草（图3-3）是禾本科黑麦草属，一年生或多年生草本植物，是重要的栽培牧草和绿肥作物。黑麦草属约有20种，其中一年生黑麦草和多年生黑麦草是具有经济价值的栽培牧草。黑麦草株型直立，株高130厘米，分蘖力强，叶鞘无茸毛，穗长17~30厘米，每个小穗上着11~22朵小花，外颖有芒。根系发达，须根多密布在20厘米的地表土层中。喜湿润气候，宜于夏季凉爽、冬季不太冷的地方生长，适宜在壤土或黏壤土上种植，较耐湿、耐盐碱，适宜土壤pH值6~7。再生力较强，耐刈、耐牧，可多次刈割利用。

图3-3 黑麦草

二、种植与管理

(一) 整地施肥

黑麦草种子小,幼苗纤细,顶土能力弱,黑麦草种植地要深翻松耙,整平地面,为黑麦草种子创造良好的种植环境。结合整地,视土壤肥力情况施足底肥。一般每亩施有机肥 1 000~1 500 千克,或复合肥 25~30 千克。

(二) 播种方法

播种方式一般采用撒播或条播,亩播种量 1.5~2.0 千克,种子可直接与钙镁磷肥拌种后播种,但遇天气干旱或土壤干燥,必须及时灌水,否则会影响出苗,播前最好将种子在太阳下晒 1 小时,然后用温水浸种 12 小时或用 1% 石灰水浸种 1~2 小时再拌种,以提高出苗率。

(三) 育苗技巧

建议用泥土、河沙、有机肥混合作基质,每平方米种植 20~25 克种子,1 个月左右苗出齐。在幼苗期注意供给水分,拔除杂草,施肥促进枝叶长得更加茂密。同时,适当修剪以保持生长高度一致。

(四) 中耕除草

杂草主要发生在苗期,且播种期越早,杂草长势越旺,要做好除草工作。可在播种前 1 天用草甘膦等喷洒,清除田间杂草,而对于少量单子叶杂草目前还没有有效的除草方法,可采用人工方法去除杂草。另外,黑麦草根系发达,一般不用中耕。

(五) 水肥管理

黑麦草对水分条件反应比较敏感,在干旱的情况下,田块要进行合理灌溉。入冬前或春季返青时,进行追肥 1 次,使化肥及时溶解并被黑麦草吸收利用,迅速发挥肥料作用,促进黑麦草返青生长。

三、刈割和利用

黑麦草播种后 45~50 天即可割第一次草,第一次割草时无论其长势是好还是坏均必须刈割,留茬不低于 3 厘米,以利于分蘖。以后视牧草长势情况,每隔 25~30 天刈割 1 次。如果用于喂牛、羊、兔等草食动物,应长至拔节期收割,以提高可利用干物质含量。由于黑麦草的水分含量较高,如发现家畜有"拉稀"现象,应搭配喂粗纤维含量较高的干草(如稻草、蚕豆秆等),也可采取提前 1 天刈割,摊开晾晒萎蔫后利用,即可避免。

第四节 高丹草的种植技术

一、概述

高丹草(图 3-4)又名杂交苏丹草,是禾本科高粱属高粱和苏丹草的杂交品种。高丹草根系发达,须根系强,植株高大,株高 2~3 米。叶片肥大,叶量丰富。茎秆粗壮,长相似高粱,籽

图 3-4 高丹草

粒偏小，紫褐色，穗型松散。分蘖能力强，分蘖数一般为20~30个，分蘖期长，可持续整个生长期。叶色深绿，褐色中脉，表面光滑，叶片宽，线形，长达62厘米，宽约4厘米。圆锥花序，疏散型，单性花，没有雄蕊。果实为颖果，种子扁卵形，粉红色。

高丹草产草量高，草质好，营养丰富，可以用来青饲或青贮，也可以调制成干草。高丹草幼苗含有毒物质氢氰酸，因此在植株高度50厘米前，不宜放牧或青饲，以防氢氰酸中毒；第一次饲喂家畜不要让家畜空腹采食，备有充足的水，补盐和带有硫的矿物质可减轻氢氰酸的有害作用。在生产青贮饲草和干草的过程中，氢氰酸大多挥发掉了，所以不会引起家畜中毒。

二、种植与管理

（一）品种选择

选用通过审定（鉴定或认定）的品种，具备高产、优质、生育期适宜、抗性强等特性。种子无病、无虫，符合国家标准要求，如"皖草2号""皖草3号"等。鼓励使用包衣种子。

（二）地块选择与整地

前茬可为冬闲田或水稻、油菜、小麦等。水田、旱地、坡地以及塘埂均可种植，但以田面平整、耕层深厚、排灌方便及保水保肥性能好的田块产量高。低洼田需开好环田沟和十字沟，并做到沟沟相通，排水通畅。精细整地，确保田间平整，土体细碎，上虚下实，上无坷垃，下无卧垡，并且墒情良好。整地前每亩施1 000~2 000千克农家肥作基肥。

（三）播种

1. 播种期

高丹草喜欢温暖环境，对低温和霜冻较为敏感。在生产上可把10厘米地温稳定在12℃作为春季适时播种的温度指标。江淮地区播种期在4月20日以后，淮北可推迟至5月1日左右，江南在4月10—20日。过早播种地温低，出苗时间延长，易导致烂种烂芽，出苗率低且不整齐。除春播外，从春季一直到7月下旬都可播种，但早播总产量高，随播种期推迟，刈割次数减少，总产量下降。

2. 播种量

作为青草饲料时，播种量1.0~1.5千克/亩，留苗密度1.5万~2.0万株/亩；作为青贮饲料时，播种量1.0千克/亩，留苗密度0.5万~1.0万株/亩。

3. 播种方法

高丹草可撒播、条播、穴播，以条播为宜，行距35~40厘米，播深2~3厘米。若进行穴播，按株行距20厘米×30厘米，每穴下籽2~3粒，播深以2.0~2.5厘米为宜。播种后7~10天可出苗。

（四）田间管理

1. 间苗定苗

间苗一般在2~3叶期进行；4~5叶期根据计划密度的要求，进行一次性定苗，用农具或人工除去多余的、拥挤的苗。

2. 肥水管理

播种前，一般要求每亩施有机肥2 000~3 000千克、纯氮16.0千克、五氧化二磷11.5千克作基肥；以后每次刈割后2~3天，追施粪水或氮肥，追施纯氮2.3~6.9千克/亩，并及时灌水，可保下茬早发、快长、产量高。防积水，遇涝应及时开沟排水。

3. 病虫草害防治

应"以防为主，综合防治"。优先采用农业防治、生物防治、物理防治，配合合理使用化学防治。

（1）农业防治　选用抗（耐）病品种，实行轮作，培育无病虫害壮苗，使用经无害化处理的有机肥。出苗后如有杂草为害，应中耕1~2次，清洁田园。

（2）生物防治　保护利用天敌，使用生物农药。

（3）物理防治　采用黄板诱蚜，或频振式杀虫灯诱杀害虫，或者用防虫网隔离。

（4）化学防治　使用低毒、低残留、广谱、高效农药，注意交替使用农药。

芽期及苗期的地下害虫有蚂蚁、小地老虎、金针虫和蛴螬。若不有效预防，会导致田间缺苗断垄，甚至严重影响产量。播种前可用吡虫啉进行拌种。在蚜虫重发年份，可用70%吡虫啉水分散粒剂1 800~3 000倍液或10%氟啶虫酰胺水分散粒剂600~900倍液喷雾防治。夏季雨水较多时可能有紫斑病发生，可用6%戊唑醇悬浮种衣剂50毫升，兑水100毫升，拌种2千克；或用50%多菌灵可湿性粉剂10克，兑水100毫升，拌种1千克防治。该作物对除草剂敏感，应慎用。

三、刈割与利用

（一）刈割

高丹草前期生长缓慢，为了提高前期生长速度，施足氮肥、钾肥或农家肥很有必要。高丹草分蘖能力强，第一次分蘖可达5~10个，随着刈割次数的增加，分蘖数也会增加，即越割越密，经常刈割可促进植株生长。一般春播在出苗后60天左右可达到抽穗期刈割标准，以后每45天左右即可刈割1次。

（二）利用

刈割下来的鲜草应铡短饲喂。制作青贮用的高丹草可在植株高度200～250厘米时刈割，刈割后应晾晒一定时间，使水分下降到65%～70%时青贮，亦可混合麦秸、稻草、玉米秸秆青贮。高丹草亦可晒制优质青干草。

第五节　皇竹草的种植技术

一、概述

皇竹草（图3-5）是禾本科狼尾草属多年生直立丛生的禾本科草本植物，外形及生长类似甘蔗。生长拔高节多，节间较脆嫩，节突较小。下部的节较长而上部的节相对较短，每节着生1个腋芽并由叶片包裹。株高可达5米以上。中下部的茎节能生出气根，上部的茎能长出分枝，每节着生1个腋芽并由叶片包裹。草叶如线形，叶姿弯，常披垂，叶的背面有形状如针的白色短茸毛。圆锥花序，淡黄色，籽粒较小。皇竹草是一种高产、优质的刈割型饲草，可用于喂牛、羊等草食性牲畜和禽类、鱼类。

图3-5　皇竹草

二、种植与管理

(一) 地块选择与整地

选择土层深厚、肥力较高、阳光充足和排水良好的田块。播前土地深耕 25~30 厘米，整细土块，清除杂草。农田实行开畦种植；山园应整地筑畦，陡坡地应沿等高线平行开穴种植；河滩应整地为垄，垄间开沟。

(二) 育苗技术

皇竹草选取 6 月龄以上、无病害、成熟、粗壮的茎节扦插或根茎分株移栽方式育苗。主要利用腋芽进行营养繁殖，每亩用种芽 1 000 株，合种茎用量 100~120 千克。在土壤、气候及管理条件较好时，可直接在大田栽种。一般情况下，为保证茎节（根茎）出苗率，应采用先育苗、后移栽的方式。育苗时间在 3—5 月、气温在 15℃ 以上。选用腋芽的茎秆撕去叶片后，用刀切成段，切口位置为两个节间的中央处，每段留 1~3 个腋芽。在切口处用 2% 的石灰水浸泡 10 分钟或涂抹新鲜草木灰进行防腐处理。将种茎按 45° 斜放于种植窝内，腋芽朝上，株距 40~50 厘米，行距 50~60 厘米，覆土 3~5 厘米，浇足定根水，以后每周浇水 2~3 次。

(三) 栽植技术

1. 栽植密度

用作饲草时，每亩栽植 2 000~3 000 株，株行距为 50 厘米×66 厘米；用作种节繁殖时，每亩栽植 800~1 000 株，株行距为 80 厘米×100 厘米。如光照不足，宜稀植，防止倒伏。

2. 栽植方法

用较粗壮、芽眼突出的节、芽或分蘖为繁殖材料。每节（芽或分蘖）为 1 个种苗。节（芽）可平放，也可斜放或直插入土 7

厘米；若用分蘖栽植，深度 7~10 厘米。一般 10~20 天可出苗。

(四) 田间管理

1. 水肥管理

皇竹草耐肥性强，肥水条件越好，产草量越高，建议每亩施农家肥 2 500~3 000 千克作基肥，地块周围开排灌沟。生长前期应加强中耕除草，适时浇水和追肥。

2. 病虫害防治

皇竹草病虫害少，一般无须打药。但是在苗期可能有少量钻心虫为害，可使用氟苯虫酰胺等农药防治。

三、刈割和利用

当株高 80~200 厘米时可刈割利用，每年刈割 4~8 次。每刈割 1 次，追施 1 次肥料，浇水时每亩施用尿素 25 千克或碳酸氢铵 50 千克。若是喂饲大型草食动物，可让植株长得高大一些再刈割；若是喂饲小型草食动物，则可刈割嫩叶或加工成草粉。

第六节　披碱草的种植技术

一、概述

披碱草（图 3-6）是禾本科披碱草属多年生牧草植物。其秸秆稀疏直立，比较细。叶子光滑无毛，叶片扁平细长，稀可内卷，呈粉绿色。其穗为花序状，分布比较紧密，形态为直立，小穗初期为绿色，成熟后变为草黄色，穗上含有小花。花果期为 7—9 月。披碱草多生于山坡草地或路边，披碱草具有耐旱、耐寒、耐碱、耐风沙的生长特点，多生在高海拔地区，披碱草通过播种繁殖。披碱草是种适应性强的多年生牧草，由于植株高大、

图 3-6 披碱草

叶量丰富、穗长、结实多、耐寒、易栽培,深受家畜的喜爱,因此它是一种非常有经济利用价值的优良牧草。

二、种植与管理

(一)整地与施肥

播种前对种植地深耕 18~22 厘米,做到土壤细碎、表土疏松,并及时耙地和镇压。

翻耕前一般土地施有机肥 1 500~2 000 千克,瘠薄地每亩可增加至 2 500~3 000 千克。为了促进幼苗旺盛生长,可用硝酸铵或硫酸铵作种肥,每亩用 5.0~7.5 千克。

(二)播种技术

1. 选种

选择正规渠道销售的种子,要求最新采收且成熟完好。播前清选种子。因种子的芒较长,若机播,播前要用脱芒器脱芒,或经碾压断芒后再播种。

2. 播种期

播种期为 3—6 月,各地因气候环境不同,播种期也有所差异。北方春播为4月下旬至5月上旬，夏播为6月中旬至7月上旬；华北和西北为5月下旬至6月上旬；播种过晚，根系和越冬芽发育不良，越冬率降低。南方地区气候温暖，3—6月播种均可，但6月之后温度很高，再加上雨水较多，不利于生长，因此播种时间也不宜太晚。

有灌溉条件的地区，可在灌水5天后播种；没有灌溉条件的地区，播种前需机械灭草、精细整地，以利于疏松表土，保蓄水分，确保出苗整齐。

3. 播种量

作为饲草用的播种量1~2千克/亩，用作护坡和水土保持的播种量3~5千克/亩。

4. 播种方式

采用条播或撒播方式，条播行距15~30厘米，播种深度3~5厘米，播后覆盖一层细土，并适当浇水与镇压。若用作天然草地补播草种，可与豆科或其他禾本科草种混播。

（三）田间管理

1. 中耕除草

苗期抗杂草能力较弱，分蘖前后除草1次，拔节期再中耕1次。如果幼苗干旱缺肥，可适量追肥和灌水。第二年以后，可根据杂草发生及土壤板结情况，及时中耕除草1~2次。

2. 病害防治

披碱草易感染锈病，发病时叶、茎和颖上产生红褐色粉末状疮斑，后期病斑变黑，植株逐渐枯死。防治锈病可用敌锈钠、石硫合剂、代森锌等化学药物。

三、刈割和利用

在生育期较短、气候干燥、土壤贫瘠的地方，一年只能刈割1

次，并选择在抽穗至开花期刈割，开花后茎叶会变硬，适口性差，一般每亩产干草 100~250 千克；在气候温暖湿润、水肥条件好的地方，可刈割 2 次，第一次在孕穗至抽穗期刈割，经 30~40 天再刈割第二次，每亩产干草 250~300 千克。披碱草利用期 4~5 年，第一年不能过度放牧，要让它开花结籽，以便来年能自繁；第二、第三年长势好，产量高；第四年以后生长逐渐减退，产量下降。

披碱草青刈可直接饲喂牲畜或调制青贮饲料；调制成干草，其颜色鲜绿、气味芳香、适口性好，除饲喂牛和羊外，还可制成草粉喂猪。若与豆科或其他禾本科草混播，也可用于放牧。

第七节　牛鞭草的种植技术

一、概述

牛鞭草（图 3-7）是禾本科牛鞭草属的多年生草本植物。牛鞭草茎是长而匍匐的地下根状茎，秆高且粗壮、硬、直立，常有

图 3-7　牛鞭草

分枝；叶片条形，先端渐尖，叶鞘无毛；穗形总状花序秆顶或枝梢单生，稍粗壮，略弯曲，穗轴呈压扁三棱形，每节着生扁平小穗1对。花果期在7月。

牛鞭草具有耐刈割、耐践踏、再生能力强、供青期长、管理方便、生产成本低等优点。茎细软，饲草品质好，牲畜喜食。既可放牧利用，亦可晒制干草。此外，牛鞭草根系发达，草丛厚密，覆盖面大，亦是良好的水土保持植物。

二、种植与管理

（一）地块选择

选择有灌溉条件、土层深厚的地块，清除杂草。

（二）栽植技术

对于牛鞭草的栽植，可选用以下3种方法。

1. 扦插

以生长健壮的茎段作为种茎，切或剪成小段，每小段含2~4节，按照10厘米左右株距放种茎，使种茎倾斜，与地面成45°角，以沟泥压紧种茎1~2节，外露1~2节。该方法发芽快，分蘖快，便于中耕除草，但费工，且种茎用量大。

2. 横埋

将全株种茎埋在沟里，只露出两头，盖土浇水。该方法节约种茎，省时省工，但与扦插方法比较，出土慢。

3. 撒播

把含1~2节的种茎均匀撒播在地里，覆浅土，然后浇水，让其自然生长。该方法省时省工，适用于大面积种植，但种茎用量大，且成活率比前两种方法低。

（三）田间管理

1. 水肥管理

栽培前，根据土壤肥力状况，每亩施有机肥1 500~3 000

千克,通过耙、耱打碎土块,注意保持土壤的湿度;化肥施用磷、钾肥,以促生根,免生杂草。牛鞭草在生长过程中对土壤要求不严,但栽植前应保证水肥充足,以促进分蘖,提高产草量。每次刈割后,建议每亩追施氮肥 7.5 千克。冬季建议追施有机肥,以延长利用年限。

2. 病虫草防治

牛鞭草喜温热湿润气候,因此易滋生蝗虫和黏虫等,建议采用生态防治,如草地灌水与晒地相结合、轮流刈割等;也可在虫害发生前除草时深耕,在其虫卵孵化期进行刈割利用等。另外,辅以化学防治。

三、刈割与利用

牛鞭草作为青饲时,以拔节到孕穗前期刈割为宜;若用于调制干草,则以拔节到抽穗期刈割为好;若进行青贮,则以抽穗期至结实期刈割为宜。一般在草高 65 厘米左右,可刈割利用,留茬高度约 8 厘米。在水肥正常情况下,一年可刈割 5~6 次,在霜前刈割完毕。春季牛鞭草返青时应禁牧,夏季是牛鞭草生长的高峰,秋末之后其生长发育最为缓慢。

第八节 鸭茅的种植技术

一、概述

鸭茅(图 3-8)是禾本科鸭茅属多年生草本植物。秆直立或基部膝曲,高可达 120 厘米。叶鞘无毛,叶舌薄膜质,顶端撕裂;叶片扁平,边缘或背部中脉均粗糙,圆锥花序,小穗多聚集于分枝上部,含 5 朵花,颖片披针形,先端渐尖,边缘膜质,第

图 3-8　鸭茅

一外稃近等长于小穗；内稃狭窄，5—8月开花结果。

鸭茅是一种优质牧草，更是一种优质果园绿肥，耐寒、耐旱、耐热又耐阴，种植一次可以利用10年以上，在我国南、北方都有大面积种植。

二、种植与管理

（一）选地

鸭茅对土壤要求不严，以黏土或黏壤土种植最为适宜，但不适宜在盐碱土上生长，因此在雨量充沛的地区种植效果最为理想，在干旱的砂壤土、栗钙土上结合适当的灌溉也能获得比较满意的产量。

（二）整地

鸭茅种子较小，苗期生长非常缓慢，播种前要精细整地，要求深耕，做到地平、土碎、无杂草。

（三）播种时间

适宜播种期的选择要有利于鸭茅种子的萌发与定植，有利于减少和消除杂草、病虫害的侵袭与为害，有利于牧草安全越冬

(夏)，主要考虑播种区域的水热条件、早霜时间、杂草与病虫为害程度、灌溉条件等因素。基于上述条件，鸭茅的播种期应因地而异，可选择春、春夏、夏、夏秋或秋播种。选择在雨（灌溉）后播种，容易获得苗齐、苗壮、苗全。春季适宜在3月下旬至4月中旬进行播种，秋季应该选择8月下旬至9月下旬播种，此时的土壤墒情最好。可用冬小麦或冬燕麦作保护作物同时播种，以免受冻害。

(四) 种植方法

播种量主要根据播种方法、土壤墒情、利用目的及种子纯净度、发芽率等因素确定，应在播种前15~30天对种子进行清选，做好种子的纯净度和发芽率检验，使其达到播种品质标准要求。一般单种撒播用种量15~30千克/公顷，条播用种量为11.25~15.00千克/公顷，陡坡穴播用种量为0.30~0.42千克/公顷（5~7粒/穴）；与多年生黑麦草、白三叶、红三叶等牧草混播用种量为3~9千克/公顷。砂性土宜深，黏性土宜浅；土湿宜浅，土干宜深；春季干旱宜深，秋季雨多宜浅。播种方法采用条播，行距15~30厘米比较适宜，播种后一定要镇压，使种子紧密接触土壤，有利于发芽，但在水分过多时，则不宜镇压。

(五) 禁畜、补播、除草

鸭茅苗期植株矮小、生长缓慢，应在播种后到开镰（牧）前禁止牲畜进入草地啃食或踩踏。及时对缺苗率大于10%的地段进行补播。春、夏播种当年有野古草、马唐、画眉草、狗尾草等可食性杂草伴生，可不必清除，翌年后随着鸭茅分蘖的增多、基叶密度的增加以及掉落种子的出苗生长，这些杂草将会逐渐减少和消失；对一些竞争力极强的带刺植物或恶性杂草，如栽秧藤、狼萁草、火绒草等，因与鸭茅争水、争肥、争光、争地，不利于鸭茅基叶的生长与生殖枝的形成，严重影响刈割或放牧，应当予以清除,可采用人工拔除、刀割、中耕等方法。

(六) 灌溉、追肥

为了促进鸭茅的苗期生长和分蘖,缩短刈割(放牧)间隔时间,提高产草量,改善鸭茅的品质和草层结构成分,延长利用时间,增强鸭茅的自身抗病能力,应适时浇水。当幼苗株为3~5厘米时可结合浇水追施尿素(N≥46.2%)75~100千克/公顷;达到利用条件后,又可在返青、拔节、刈割或放牧后结合浇水追施尿素或复合肥150~450千克/公顷。

(七) 破除土壤板结

出苗前若形成土壤板结层,可用短齿耙或具有短齿的圆形镇压器滚压,即可破除板结层,有灌溉条件的可用小水轻灌,也能帮助幼苗出土。

(八) 病虫害防治

病害有锈病、叶斑病、条纹病等。应严格种子清选、检疫、消毒;病初高密度放牧(刈割)或拔除患病植株与病害的转株寄主,合理灌溉、施肥;也可用三唑酮、多菌灵、硫菌灵等药剂防治。

虫害主要有黏虫、钻心虫、草地螟等。综合防治方法:做好监测预报,掌握各种害虫的生活习性、发生规律与为害数量,当预测有虫害大面积发生时应在暴发前10~20天对草场进行高密度放牧或刈割,将留茬高度降低为2~3厘米,把利用后掉落地上的散短草和枯黄草全部运出草地,停止灌溉和追肥,让处于低矮状态的牧草具有良好的光照和透气性,不给害虫提供生活、繁殖的环境条件。结合害虫种类,选用溴氰菊酯、氯虫苯甲酰胺等农药进行防治。

三、刈割与利用

鸭茅的收割时期除了考虑产量、质量和再生3个方面外,还要考虑畜禽种类及年龄。鸭茅播种当年发育较弱,播后 2~3 年干草及种子产量较高,到第四年开始下降。鸭茅再生性较强,一年可刈割 2 次或 3 次,亩产鲜草 300~500 千克。鸭茅生长在肥沃土壤条件下,亩产鲜草 5 000 千克以上。其种子约在 6 月中旬成熟,每亩可收种子 15 千克左右。刈割时期以刚抽穗时为最好,延期收割,不仅茎叶粗老,严重影响草料品质,而且影响再生草的生长。在近表土的植株基部是鸭茅贮藏养分的地方,频繁刈割或刈割过低,对再生草极为不利。刈割时留茬高度应稍高一些,一般 10~12 厘米。收割后可直接饲喂也可以晒制干草饲喂。

第九节　苇状羊茅的种植技术

一、概述

苇状羊茅(图 3-9)是禾本科羊茅属多年生草本植物。植株较粗壮,秆直立,平滑无毛,高可达 100 厘米,叶鞘通常平滑无毛,叶舌平截,纸质;叶片扁平,边缘内卷,上面粗糙,下面平

图 3-9　苇状羊茅

滑，基部具披针形且镰形弯曲而边缘无纤毛的叶耳，圆锥花序疏松开展，分枝粗糙，中上部着生多数小穗；成熟后麦秆呈黄色，含小花；颖片披针形，子房顶端无毛；7—9月开花。苇状羊茅是建立人工草场及改良天然草场非常有前途的草种。

二、种植与管理

（一）种植方法

苇状羊茅根茎短，具有侵占性，适于单播，但也可以与禾本科类的多年生黑麦草、鸭茅或者白三叶、红三叶、紫花苜蓿和沙打旺等豆科牧草混播形成混播草地，既可以有效地利用空间，延长草地的利用期，又可以提高土壤肥力，自然改良，同时可满足家畜对养分的平衡需求，达到提高草地利用价值的目的。苇状羊茅可用种子繁殖，也可用分蘖株繁殖。若用种子繁殖，采用条播、撒播和窝播均可，一般以条播为好。

（二）坪床准备

苇状羊茅为根深高产牧草，要求土层深厚，底肥充足。为此前一年秋季应该深翻耕，并按每公顷30吨厩肥的量施足底肥。播种前应该精细整地，需耙磨1次或2次，需要施有机肥作底肥，配施适量的磷肥，出苗后用少量氮肥追施提苗。

（三）适时播种

掌握适宜的播种期，过于迟播幼苗难以越冬。苇状羊茅容易建植，根据各地条件，可春、夏、秋播。在冬季严寒的地方可春播，当早春地温达到5~6℃即可进行；夏秋季节播种常在春季风大、干旱严重的地方或春播谷类作物的土地上进行，最晚播种期应掌握在幼苗越冬时长到分蘖期为好。

（四）播种密度

条播播种量保持在15~30千克/公顷，混播则应酌量减少。

种植密度根据利用目的而定，只刈草的宜密，一般行距为 15~20 厘米，草、种子兼收的稍稀，行距 20~25 厘米；以收种子为主的以稀为好，行距为 30~35 厘米。若收种子，还需施用适量的钾肥，以利于开花结籽，种子饱满，产量高。播种深度 2~3 厘米，覆土不宜过厚，以免影响出苗。若采用分株移栽，以行距 25~30 厘米、窝距 10~15 厘米为宜，每窝栽 2 个分蘖株，栽深 5~6 厘米。

(五) 田间管理

苇状羊茅苗期生长缓慢，不耐杂草，应注意中耕除草。生长期间适当灌溉，并结合追肥，以达到提高产量的目的，尤其在每次刈割后更为重要，单播地需要追施氮肥（每公顷尿素 75 千克或者硫酸铵 150 千克），若能结合灌水收益更高。但在混播地上，应注意施用磷、钾肥，以促进豆科牧草的生长。用于收种的苇状羊茅，可于早春先放牧，利用再生草收种。入冬前，必须停止刈割或放牧利用，进行 1 次彻底中耕，并施用一定量的氮肥（尿素 75~120 千克/公顷）和磷肥（钙镁磷肥 150~225 千克/公顷），以利于越冬及翌年生长发育，为高产奠定基础。苇状羊茅抗病性强，但适口性较差，如加强水肥管理，不但可以提高产量，还可以提高草的品质。待草长至 2 叶或 3 叶时，若温度超过 20℃，每隔 15 天左右喷 1 次广谱性杀菌剂预防病害，若发现病虫害，可用甲基硫菌灵等进行防治。

三、刈割与利用

苇状羊茅饲草较粗糙，在抽穗期干物质中含粗蛋白质 15.1%、粗脂肪 1.8%、粗纤维 27.1%、无氮浸出物 45.2%、粗灰分 10.8%、钙 0.23%、磷 0.66%。苇状羊茅饲料品质中等，适宜放牧、青饲、青贮或调制干草。一年中可食性以秋季最好，春季居中，夏季最低，但调制的干草各种家畜均喜食。青饲以分蘖期收割为宜，晒制青干草最好在抽穗期，过迟则营养价值下降，收割后再生草可放牧利用。无论是收割还是放牧，留茬都不宜低于5厘米，以利于再生草生长。制干草应在立秋前半个月刈割，历时3天即可堆贮，以备冬用。苇状羊茅种子产量较高，易收获。当60%的种子变褐色时，就可收种，过晚则易落粒。

苇状羊茅再生性强，在水肥条件好的情况下，可连续刈割4次左右。每公顷鲜草产量22 500~60 000千克、干草产量为750~1 250千克、种子产量为375~525千克。从适口性角度考虑，苇状羊茅的利用应尽量提前。苇状羊茅开花后草质粗糙，适口性降低，必须注意掌握利用期。苇状羊茅茎叶干物质中粗蛋白质含量15.4%，如能掌握适宜利用时期，可保持较高的适口性和利用价值。粗蛋白质在分蘖期含量最高，随着生育期的推进，粗蛋白质含量呈线性下降的趋势，到种子成熟期最低；粗脂肪含量变化与粗蛋白质大致相同，含量最高是在分蘖期，最低是在开花期；粗纤维含量变化趋势与粗蛋白质恰恰相反，是随着生育期的推进呈线性上升趋势。

第十节 燕麦的种植技术

一、概述

燕麦（图3-10）是禾本科燕麦属一年生草本植物。叶鞘松弛，叶舌透明膜质，叶片扁平，微粗糙。圆锥花序开展，金字塔形，长10~25厘米，分枝具棱角，粗糙。颖果被淡棕色柔毛，腹面具纵沟，4—9月开花结果。

燕麦分为皮燕麦和裸燕麦。其中，皮燕麦主要用作饲料和饲草，籽实营养价值高，可作为精饲料，种子收获后的秸秆也可以作饲料；还可以刈割茎叶作青饲、青贮，也可调制干草。

燕麦是人类和其他动物可直接利用的粮食和饲草作物之一。

图 3-10 燕麦

二、种植与管理

(一) 种植模式

在高寒山区和冷凉地区，一般一年只能种一季，很少进行复种；在较温暖地区，燕麦可在冬青稞、冬小麦、大麦等作物收获后进行复播，也可在燕麦后复种青贮玉米等作物，甚至还可以两季燕麦复种，实现一年一粮一草（收一季籽粒和一季饲草）或两草（两季均收饲草）。通过燕麦的合理复种可以充分利用当地光、温、水、土等自然资源。

燕麦主要是净作，作饲草栽培时，也可与箭筈豌豆、豌豆、毛苕子等豆科牧草混播，充分利用其与豆科作物在形态特征、生物学特性上的互补特性，充分利用空间、光温资源和地下肥水条件，提高土地生产能力和牧草营养价值，这在牧区和半农半牧区有较好的发展前景。此外，燕麦还可与马铃薯等作物间套作，缓解用地与养地的矛盾、粮食与饲料争地等问题。

(二) 整地

燕麦的适应性较强，对土壤要求不严，瘠薄地、沙化地和轻盐碱地均可种植，但以土层深厚、土壤肥沃的地块产量最高。

播种前需要整地。我国燕麦产区的耕地时间有春耕和秋耕2种，以秋季深耕最适宜，可以熟化土壤、蓄水保墒。播前耙地，使土面细碎、平整。西北干旱地区结合耱地、镇压，适当压紧压实土壤，减少土壤水分蒸发损失，并使种土紧密结合。

(三) 播种

应根据当地的生态条件和栽培目的，选择优良品种。收获籽粒，应选熟期适中、抗性强、优质丰产的品种；收获饲草，应选择植株高大、抗倒伏、生育期较长的品种。播种前精选种子，选用新鲜、成熟度一致、籽粒充实饱满的作种；播前3~5天晒种，杀灭表面病菌，提高种子发芽率；用药剂拌种或种衣剂包衣。

燕麦在2~4℃时即可发芽，幼苗的耐低温能力较强，可耐-4~-3℃低温。燕麦在我国主要产区大多为春播，一般在土壤含水量达10%以上、地温在5℃以上时即可播种。具体要根据当地的气候条件、种植制度和生产目的而定。以收获籽粒为目的时，在海拔2 000米以下的地区适宜播种期为3月中旬至4月上中旬，海拔2 000米以上的地区适宜播种期为4月中旬至5月上中旬；若以收获饲草为目的，播种时间可根据当地具体情况灵活掌握，青海、甘肃甘南等高海拔地区播种期可延至6月中旬。

净作时一般采用穴（点）播，也有采用条播的。丘陵山地、小而不规则的地块多采用人工播种，地势平坦、地块较大的可以采用机械播种，以提高播种质量和效率，最好采用精量或半精量播种。混作时大多采用撒播。

(四) 合理密植

合理密植是燕麦高产的基础。密度过稀,茎蘖数和有效穗数不足,产量不高;但密度过大,容易发生倒伏,严重影响产量和质量。适宜的种植密度要因品种、生产目的、肥水条件等而异。以收获籽粒为目的时,种植密度一般以每公顷 400 万～500 万株为宜,以收获青草或干草为目的时,种植密度可适当增加 20% 左右;分蘖能力强的品种,肥沃土壤、施肥水平高的地块,光照弱的地区可适当稀植,反之可适当密植。一般行距 20～30 厘米。

(五) 科学施肥

科学施肥是燕麦优质高产的保障,总的原则:有机无机相结合,氮磷钾配合;重施底肥,看苗追肥。具体施肥水平根据生产实际确定。基肥以农家肥为主,结合秋耕或春耕翻入土中;播种时施入底肥(种肥),根据土壤肥沃程度和生产水平,每公顷施氮 60～120 千克、五氧化二磷 22.5～45.0 千克、氧化钾 30～75 千克,尽量施用优质复合肥,提高肥料利用率。拔节期和孕穗期根据长势适量追肥。

(六) 田间管理

苗期注意中耕除草。干旱时注意灌水,尤其是在拔节期至抽穗期,此阶段是燕麦需水量最大、最迫切的时期。注意防治黑穗病、锈病、白粉病等病害和蚜虫、黏虫、叶蝉等虫害。

三、刈割与利用

收获籽粒时,通常以主枝或主穗的籽粒达到完熟、分蘖或枝端的籽粒蜡熟为宜。青贮用可在抽穗至蜡熟期收获。用带有成熟籽粒的燕麦全株青贮,可在成熟初期收获。用以调制干草或青刈,以抽穗始期至开花后期收获为宜。燕麦有一定的再生性,春播可刈割 2 次，第一次刈割在株高 40~50 厘米时，留茬 4~5 厘米，隔 30~40 天进行第二次刈割，不留茬。如混播，通常在燕麦孕穗期刈割 1 次。

第十一节　早熟禾的种植技术

一、概述

早熟禾（图 3-11）是禾本科早熟禾属一年生或冬性禾草。根系发达，有较强的繁殖能力和较强的再生能力。秆直立且平滑无毛；叶片扁平或对折，质地柔软，边缘微粗糙；圆锥花序宽卵形，小穗卵形；颖果纺锤形；花期 4—5 月；果期 6—7 月。早熟禾喜温暖干燥的环境，耐旱、耐阴、耐寒性较强；喜微酸性至中性土壤；低温下能顺利越冬，抗热性较差。早熟禾的茎叶柔软，有一定的营养价值，是优良饲料，常用来饲养牲畜。

图 3-11　早熟禾

二、种植与管理

(一) 地块选择

早熟禾耐旱性和耐阴性都较强,在-20℃低温下能顺利越冬,-9℃下仍能保持绿色,但抗热性较差,在温度超过25℃时逐渐枯萎。对土壤要求不严,但不耐水湿。喜偏酸性至中性土壤,适宜pH值6.0~7.5,如果环境偏碱性,可以施一些酸性肥料进行改良。

(二) 整地

整地可为早熟禾播种和管理提供良好的条件。一般分为人工作业和机械操作2种整地形式,主要包括深耕土壤、捣碎土块、清除根茬、清理杂草、疏松表土等。因早熟禾的种子极小,最大土块直径不能超过1厘米,要求做到土块细碎、平整。

(三) 播种

1. 播种期

温暖地区春、夏、秋均可播种,以秋播最好;春播宜早,以利于越夏并避免与杂草竞争;高寒地区春播以4—5月为宜,秋播以7月为好。晚春播种不如早夏播。

2. 播种方式及播种量

可条播,也可撒播,以条播为佳。条播的行距15~30厘米,每亩播种量0.5~1.0千克,播深1~2厘米,均匀播种,浅覆土,播后镇压1~2次,保持土地湿润。若与白三叶、百脉根等豆科饲草混播,可提高草产量和质量,并调节供草季节。

(四) 田间管理

1. 浇水

浇水遵循不干不浇、浇则浇透的原则。生长初期应水分充足,但在出苗1周左右宜保持干燥。夏季气温高,土壤水分蒸发快,应多浇、勤浇。

2. 追肥

底肥必须施足,贫瘠的沙土地和盐碱地更要多施肥。追肥的原则是少施、勤施。以尿素为例,施用量每次每亩 5~6 千克,每亩超过 10 千克就有烧叶伤根的危险。

3. 杂草防治

杂草防治方法主要有人工防治、化学防治、机械防治等。一般可在杂草幼小期喷洒麦草畏、莠去津等除草剂,以消灭蒿类等阔叶杂草。

4. 病虫害防治

在夏季多雨高温时,早熟禾容易染上叶斑病,若长时间积水,可能引发茎腐病、锈病等。应在播种之前做好土壤和种子的消毒工作;若病虫害严重,需做好药物喷洒,以免引发感染。早熟禾常见的害虫有日本甲虫、草地螟等,应提前将土壤中残留的虫卵或者幼虫杀死。

三、刈割与利用

早熟禾在炎热的夏季仍能保持生长状态,叶量丰富,从早春到秋季,可以作为放牧草地或刈草地,也可制成干草贮存,供家畜利用。若采用低茬高频刈割,建议留茬高度为 5 厘米,刈割频率为 7 天 1 次。

第十二节　无芒雀麦的种植技术

一、概述

无芒雀麦(图 3-12)是禾本科雀麦属多年生草本植物,

秆直立，疏丛生，高可达120厘米，叶鞘闭合，叶片扁平，先端渐尖，两面与边缘粗糙，圆锥花序，较密集，花后开展；微粗糙，小穗含花，小穗轴生小刺毛；颖披针形，外稃长圆状披针形，内稃膜质，短于其外稃，脊具纤毛；颖果长圆形，褐色，7—9月开花结果。无芒雀麦是一种优良牧草，营养价值高，适口性好，耐寒、耐旱、耐放牧，是建立人工草场和环保固沙的主要草种。

图3-12　无芒雀麦

二、种植与管理

（一）种植方法

播种方式条播、撒播均可。无芒雀麦具有发达的地下茎，茎根蔓延容易结成严密的草皮，翻耕后不易清除干净，往往沦为后作的杂草。因此，一般把它放在饲草轮作中，如需要放到大田轮作中去，其利用年限不宜过长，以2~3年为宜。在轮作中无芒雀麦可与紫花苜蓿、红豆草、红三叶和草木樨等牧草混播，也可与其他禾本科牧草如猫尾草等混播，这样可以防止无芒雀麦造成的草皮絮结和早期衰退的不良现象。无芒雀麦播种时覆土深度：

黏土为2毫米，砂土为3毫米，春季干旱多风的地区由于土壤水分蒸发得比较快，覆土深度可增至4毫米。机械播种后需要镇压1次或2次。

（二）适时播种

无芒雀麦的播种期因地制宜，春播、夏播或早秋播均可。西北较寒冷地区多为春播，也可夏播，兰州地区在3月下旬至4月上旬播种。内蒙古春季干旱、风沙大、气温低、墒情差，春播出苗慢或易缺苗，以夏播为宜，通常是在7月中旬或下旬播种。东北地区宜夏播，以7月下旬至8月中旬播种为佳。在华北、华中等地以7月中上旬播种为宜，或是在10月中旬播种。在保证一定生育期的前提下抢墒播种。北方春旱地区种植无芒雀麦，在土壤解冻层达预期深度即播种。如果土壤墒情不好，也可错过早季，雨后播种。

（三）播种密度

一般条播行距为15~30厘米，种子田可加宽行距至40厘米。播种量单播时每公顷22.5~30.0千克，种子田15.0~22.5千克。如采用撒播，播量可增至40千克左右。紫花苜蓿与无芒雀麦混播较紫花苜蓿与猫尾草混播好，无芒雀麦种后长成时间较猫尾草迟，因而紫花苜蓿有充分发育机会。无芒雀麦需氮多，单播3~4年后生长渐衰，如与紫花苜蓿混播，则情况会改善。这是因为土壤中遗留有大量的氮素，无芒雀麦仍能保持几年的旺盛生长。如与紫花苜蓿混播，每公顷宜播无芒雀麦15.0~22.5千克、紫花苜蓿7.5千克。为充分利用地力和增加收益，应当进行保护播种，保护作物以早熟矮秆品种为好。在保护播种情况下，要及时收割保护作物，以利于无芒雀麦的生长发育。

（四）科学施肥

无芒雀麦为喜肥牧草，以施基肥为主。每亩施半腐熟优质农家肥4 000~6 000千克，可维持肥效3~5年。追肥对无芒雀麦有良好的增产作用，无芒雀麦需氮很多，尤其是单播时，可在分蘖期至拔节期亩施硫酸铵或尿素15~20千克、过磷酸钙30~40千克，追肥后随即浇水。以后可于每年冬季或早春再施厩肥，并于每次刈割后追施氮肥，每公顷施用氮肥150~220千克。如与豆科牧草混播，在酸性土壤上可施用石灰。

（五）除草

无芒雀麦苗期生长较慢，易受杂草为害，要及时除草。通常要在分蘖期至拔节期，及时中耕除草1次或2次，后期再拔1次高大杂草。

（六）更新复壮

无芒雀麦生长3年以后，由于根茎相互交错，结成草皮，致使土壤水分不足、通透不良、有机质分解慢，有碍于无芒雀麦生长发育，导致产量骤减，必须及时更新复壮。在春季萌发前或第一次收获后，用深松犁或圆盘耙，切断根茎，破坏草皮，以促其旺盛生长。耙地复壮不仅能提高产草量和产籽量，还能延长草地利用年限。

三、刈割与利用

无芒雀麦是高产优质的多年生禾本科牧草。我国北方人工草地，每公顷产干草4 500~7 500千克，一般连续利用6年，在管理水平高时可维持10年以上的稳定高产。营养价值高，茎秆光滑，叶片无毛，草质柔软，适口性好，一年四季为各种家畜所喜食，尤以牛最喜食，是一种放牧和打草兼用的优良牧草。即使刈割稍迟，质地也不粗老。经霜后，叶色变紫，而口味仍佳。可青饲、制成干草和青贮。由于根茎发达，再生性强，一般每年割1次或2次制作干草，再生草作放牧用，利用率比较高。无芒雀麦具短的地下茎，易结成草皮，放牧时耐践踏，所以又是优良的放牧型牧草。

无芒雀麦干草的收获时间为开花期。收获过迟不仅影响干草品质，也有碍于再生，减少第二茬草的产量。春播时当年可收获 1 次干草，生活 3~4 年后的草皮形成时才能放牧，耐牧性强。无芒雀麦播种当年结籽少，种子质量差，一般不宜采种；第二、第三年生长发育最旺盛，种子产量高，适宜收种，在 50%~60% 的小穗变为黄色时收种。无芒雀麦再生性良好，在我国中原地区，一般每年可刈割 3 次，在东北、华北地区可刈割 2 次。无芒雀麦再生草的产量通常为总产量的 30%~50%，它的再生能力比冰草、鹅冠草和猫尾草都强，但不如黑麦草。

第十三节　饲用甜高粱的种植技术

一、概述

饲用甜高粱为禾本科高粱属一年生草本植物（图 3-13），因

图 3-13　饲用甜高粱

茎秆中富含糖分而得名。饲用甜高粱叶片大、叶量多，蛋白质含量高，茎秆含糖量高，适口性好，各种家畜都非常喜食。饲用甜高粱营养丰富，其钙、磷含量也高于青贮玉米。

饲用甜高粱分蘖力强，再生性好，它的抗旱性能、耐盐碱、耐瘠薄和耐涝的特性明显高于青贮玉米，既可以在有灌溉条件的北方干旱区广泛种植，也可以适应南方高温多雨的气候条件。饲用甜高粱由于其广泛的适应性以及对干旱和盐碱土壤的显著抗性及耐水涝，被称为"作物中的骆驼"。饲用甜高粱可以青饲、青贮，可多次刈割。春季大面积种植甜高粱可缓解畜牧业饲草短缺的问题。

二、种植与管理

（一）整地施肥

饲用甜高粱对土壤的适应性很强，但以富含有机质、土层深厚的壤土为最好。饲用甜高粱幼苗顶土能力较差，播前应深耕细整，以促进土壤熟化和改善土壤结构，为种子发芽和出苗创造适宜的土壤环境，保证耕地土块细碎，无大坷垃。结合整地深施腐熟有机肥 3~4 吨/亩、磷酸二铵 10~20 千克/亩、尿素 10 千克/亩、复合肥 50 千克/亩。

（二）播种技术

1. 播种时间

饲用甜高粱春播可以充分利用无霜期提高产量，当耕层 5 厘米深的日平均地温稳定达到或者超过 10℃时即可播种，一般为 4 月中旬至 5 月上旬。播种过早，地温低，出苗较慢，而且气温不稳定，苗期可能会受到春寒冻害；在土壤低温高湿时容易造成"粉种""烂种"。在生产上做到低温高湿看温度，干旱无雨抢墒播种。夏播宜早，至收割前应留足 70~90 天的生长时间，以免影响产量。

2. 播种方式

播种方式采用播种机穴播（等行距或宽窄行）种植。等行距种植，行距一般为40~50厘米；宽窄行种植宽行行距80厘米，窄行行距40厘米。播深2.5~3.5厘米，覆土均匀，播后镇压。较肥沃土壤播种量0.8~1.2千克/亩；较瘠薄土壤播种量0.6~0.8千克/亩。

（三）苗情检查

当幼苗长出5片叶时若还缺苗断条，可在植株较密的地方挑选健壮的植株，进行坐水带土移苗补栽。补苗后对其偏施肥水，促其迅速赶上正常苗。

（四）中耕除草

饲用甜高粱苗期会有杂草，可中耕除草；分蘖后饲用甜高粱生长速度快，基本不受杂草影响。播后苗前可用莠去津实行土壤封闭，出苗后可用麦草畏等除草剂防除阔叶杂草。

第一次除草在幼苗2~3叶时。第二次在幼苗长到4~6片叶时结合定苗进行。第三次视土壤墒情、气候及杂草生长情况，于拔节期进行。

（五）水肥管理

土壤水分状况越好，施肥量越大，肥效越好。氮肥主要用作追肥，磷肥可作为基肥一次性施入，钾肥可追肥也可作为基肥。

苗期通常不进行灌溉，适当蹲苗有助于提高植株耐旱性。苗期追肥一般情况下亩施氮肥20千克即可，这样有利于促进支持根的生长，增强其吸收能力，防止倒伏。根据苗情长势情况决定追肥量。拔节阶段，遇干旱需进行灌溉，可结合灌溉进行追肥。每次刈割之后及时追肥有利于茎叶再生。旱地可掌握雨情，在雨前追肥。

(六) 病虫害防治

播种时，如有地下害虫为害，整地起垄后用辛硫磷等防治地下害虫。

饲用甜高粱易受蚜虫和螟虫为害，多数高粱品种对有机磷农药过敏，一般用溴氰菊酯、氰戊菊酯、氯氰菊酯或无公害农药防治。生长期有蚜虫，可用2.5%溴氰菊酯乳油3 000倍液或20%氰戊菊酯乳油5 000~8 000倍液防治。

饲用甜高粱抗病性较强，一般预防性杀菌剂即可防病；田间若发现少量病株，可以及时拔除，随即埋掉。

三、刈割与利用

饲用甜高粱具有较强的分蘖能力，第一次分蘖后株数可达到5~10株，随着刈割次数的不断增加，分蘖数也相应增加，也就是越刈割越茂密，经常刈割能够促进饲用甜高粱的植株生长。一般植株长到1.5~2.0米时刈割利用，营养较好，留茬1~2个节，高度15厘米。

饲用甜高粱的刈割次数取决于播种时间、当地的自然气候条件、无霜期、灌溉条件及不同品种的生物学特性等。一般来讲，气候温暖湿润、播种早、无霜期长、水肥条件好、管理水平高的地区可以适当多刈割几次；气候寒冷、生长季短、管理比较粗放的地区少刈割几次。在我国一年两熟地区，饲用甜高粱可以刈割4~5次；在华北平原、关中地区管理水平较高的情况下，可以刈割3~4次；在一年一熟地区，每年可刈割2~3次；在覆膜播种的地区刈割次数可增加1~2次，产草量会增加。

饲用甜高粱可作为青饲直接饲喂家畜，但应先用铡草机或铡刀铡碎后再进行投喂。饲用甜高粱也可以制作成多种形式的青贮，常见的有裹包青贮和压块青贮、窖贮等。饲用甜高粱刈割后应进行晾晒，晾晒一段时间后，饲用甜高粱的水分下降，一般降至65%左右时进行青贮制作。

第十四节　青贮玉米的种植技术

一、概述

青贮玉米（图3-14）是指全株均可利用的一种新型玉米品种，一般在乳熟期至蜡熟期收获全株，可直接饲喂或者青贮，对农业结构调整、保护生态环境、粮改饲、种养殖相结合等方面都意义重大。青贮玉米的特点是生长迅速、品质好、适口性好，可以在短期内获得较多的茎叶，而且青贮可以长期保存，解决了冬春季节青绿饲料缺乏的问题。

图3-14　青贮玉米

二、种植与管理

（一）品种选择

青贮玉米的品种多，有的青贮玉米适用于青贮，还有属于粮饲兼用型青贮的玉米品种。不同品种的用途不同，生长特性也不同，并且在生育期、产量、株型方面也存在较大的差异。因此，需要根据当地的种植条件、用途等选择最合适的品种，如用于青饲或者青贮用，在选择时宜选择不早衰、株型大、分蘖能力强、茎叶茂盛、果穗大而多、品质好、营养丰富、生育期短的品种，并且还需要适合当地的气候条件，抗逆性强。

（二）选地和整地

青贮玉米的植株通常较高大，对土壤有一定的要求，要想获得较高的产量和质量，需要做好种植地的选择工作，最好选择地势较为平坦的地块，不可以在低洼地种植，否则会引起田间积水，青贮玉米易受涝死亡。种植地要求土壤肥沃、土层深厚、透气性好、有机质含量丰富，保水保肥能力好。青贮玉米种植最好不连茬，否则易引起较为严重的病虫害发生，前茬作物最好选择豆科作物。在播种前要做好整地工作，前茬作物收获后要灭茬深耕，一般要求耕深不低于25厘米，并且在耕后要耙平，不留土坷垃，使土壤耕层深厚、松软、上虚下实，提高保墒能力。

（三）施足基肥

青贮玉米的植株高大，对养分的需求量较大。播种前应施足基肥，以确保植株在生长过程中获得充足的养分。基肥应以有机肥为主，使用充分腐熟的农家肥。如果农家肥没有充分腐熟，会引起严重的病虫害，严重影响青贮玉米种植的产量和质量。基肥的施加量要根据地力来确定，一般施用有机肥1 500千克/公顷，同时配合施用一定量的复合肥，基肥可以结合深耕施于耕层。

（四）种子处理

选择好品种后还要做好种子的选择和处理工作，种子需要从正规的厂家购买，要选择成熟度好、颗粒饱满、生活力强的种子。为了提高种子的发芽出苗能力，在播种前对种子进行处理，先进行晒种,选择在阳光充足的天气将种子平摊晾晒 2~3 天,晒种期间要翻动。晒种不但可以提高发芽率,阳光中的紫外线还可以杀灭病菌,减少病害。在播种前 15 天测试种子发芽率,以确定最合适的播种量。为了降低青贮玉米病虫害的发生概率,尤其是对地下害虫的防治,需要对种子进行包衣处理,用药剂拌种,可以使用专用的包衣剂,或者使用辛硫磷溶液喷洒在种子上,也可以较好地防治地下害虫。

(五)适时播种

青贮玉米种子发芽出苗需要一定的地温,一般发芽温度为 8~10℃,因此,需要做到适时播种,从而提高种子的发芽出苗率。一般当 5~10 厘米土层的温度稳定保持在 10℃以上并且土壤含水量在田间持水量的 65%以上时,即可播种,或者在播种后适当地浇水。除了考虑地温外,还需要考虑青贮玉米的需水高峰期要与自然降水期相吻合。因此,需要根据当地的气候条件和所选择的品种来确定适宜的播种期。青贮玉米的植株通常较为高大,分蘖能力强,除了适时播种外,还需要合理密植。如果播种密度过大,会导致田间的通风能力较差,还会出现遮光的现象,影响光合作用,从而影响营养的累积,影响植株的生长;而如果种植密度过小,则土地利用率低,也会降低产量。因此,要根据种植的品种、地力等确定最适宜的种植密度,如果地力较好时可以适当密一些,植株高大的品种可以适当稀一些。

(六)苗期管理

青贮玉米在出苗后要做好查苗、补苗工作,这是确保产量的关键。出苗后如果发现缺苗现象,需要使用预备苗补苗,避免出现少苗断垄现象,从而保证苗全、苗齐。在青贮玉米长出 2~3 片真叶时要间苗,间苗时要将病苗、小苗、弱苗、杂苗拔除,将强壮的健康大苗留下,在长出 4 片真叶时定苗,定苗需要确定适宜密度，这受到多种因素的影响，需要根据品种和地力来开展定苗工作。

(七) 中耕除草

在青贮玉米的生长过程中需要根据实际生长情况适时进行中耕除草，一般进行2~3次。在青贮玉米的苗期，易受杂草的侵害，出现杂草与植株争水、肥和阳光的现象，会消耗土壤中大量的养分和水分，并且杂草还常有多种虫害，会导致田间虫害严重，因此，需要及时清除田间的杂草，中耕除草不但可以清除杂草，还可以疏松土壤，增加土壤的通透性，促进土壤微生物的生长，增加土壤肥力。第一次中耕不用高培土，第二次中耕则需要深一些并进行高培土，这样可以提高植株的抗倒伏能力。

(八) 合理施肥

青贮玉米在整个生育期对养分的需求量也要较普通玉米多，并且大部分养分都从肥料中获得。因此，除了要在播种前施足基肥外，还需要根据植株的生长情况合理追肥，青贮玉米需要的元素主要是氮、钾、磷，其中氮是主要的营养成分，可以确保青贮玉米植株高大、粗壮，叶片的数量增加，从而提高产量。磷可以增强青贮玉米的抗旱能力，钾则可以增强青贮玉米的抗倒伏能力。青贮玉米的施肥量，基肥占总施肥量的70%，另外30%为追肥。第一次追肥一般在拔节期，追肥量以总追肥量的25%为宜，以氮肥为主、磷钾肥为辅，第二次追肥在青贮玉米进入营养期时进行。

(九) 科学灌溉

玉米对水分较为敏感，并且不同的生长发育阶段对水分的需求量不同。在发芽出苗期对水分的需求量较少，在田间持水量的65%以上时即可正常发芽。在苗期的需水量也较少，苗期要做好蹲苗的工作，控制灌溉量，否则会引起苗期幼苗徒长，使抗倒伏能力下降。在青贮玉米抽雄期前 10 天到抽雄期后 10 天为需水量最多的时期，需要及时灌溉，并且灌溉量要根据当地的降水情况来确定，灌溉方式根据当地的种植条件来确定，包括喷灌、滴灌等。要注意青贮玉米不耐涝，如果在雨季发生田间积水时要做好排水工作，否则会使青贮玉米受涝，造成大面积植株死亡，严重影响产量。

（十）病虫害防治

青贮玉米易受到多种病虫的为害而影响产量，因此要做好病虫害的防治工作。青贮玉米的主要病害包括大、小叶斑病，茎腐病，锈病等，主要虫害包括蚜虫、红蜘蛛、地老虎、蝼蛄等害虫。在防治病虫害时可采取农业防治、化学防治、物理防治、生物防治等，并且要以预防为主，防治结合；要以农业防治为主，多种防治方式相结合的方式，做到统防、统治。农业防治主要包括做好倒茬轮作、合理密植等；化学防治主要包括有针对性地使用化学药剂将病虫杀灭，如防治大叶斑病时可以使用甲基硫菌灵或者百菌清进行喷洒防治；物理防治是利用害虫趋光性等特性进行防治；生物防治是选择害虫的天敌或者使用生物制剂进行防治。

三、刈割与利用

（一）刈割时期

青贮玉米的最适刈割时期为玉米籽实的乳熟末期至蜡熟前期，此时收获可获得适宜的产量和营养价值。收获时应选择晴好天气，避开雨天，以免因雨水过多而影响青贮饲料品质。青贮玉米一旦收割，应在尽量短的时间内完成青贮，不可拖延时间过长，避免因降水或本身发酵而造成损失。

（二）收获方法

大面积青贮玉米地都采用机械收获。有单垄收割机械，也有同时收割6条垄的机械。边收割边切段边装入拖车当中，拖车装满后运回青贮窖装填入窖。小面积青贮玉米地可用人工收割，把整棵的玉米秸秆运回青贮窖附近，切段后装填入窖。

在收获时一定要保持青贮玉米秸秆有一定的含水量，正常情况下要求青贮玉米秸秆的含水量65%~75%。如果青贮玉米秸秆在收获时含水量过高，应在切段之前进行晾晒，晾晒1~2天再切段装填入窖。水分过低不利于把青贮料在窖内压紧压实，反而容易造成青贮料的霉变，因此选择适宜的刈割时期非常重要。

(三) 青贮方法

切段的青贮玉米在青贮窖内要逐层装填，随装填随镇压紧实，直到装满窖为止。装满后要用塑料膜密封，密封后再盖30厘米厚的细土。为了防冻，还可在土上再盖上一层干玉米秸秆、稻秸或麦秸，以防止结冻，这对冬季取料有利。如此制作完成的青贮玉米料经过20天左右即可完成发酵，再经过20天的熟化即可开窖饲喂。此时的青贮玉米料气味芳香、适口性好、消化率高，是牛、羊、鹿等的极好饲料。青贮过程一旦完成，只要能保证封闭条件不被破坏即可长期保存。

第四章 优质叶菜类饲草的种植技术

第一节 苦荬菜的种植技术

一、概述

苦荬菜（图4-1）是菊科苦荬菜属一年生草本植物。根垂直直伸，生多数须根。茎直立，高可达80厘米，基生叶花期生存，叶片线形或线状披针形，基部箭头状半抱茎或长椭圆形，基部收窄，全部叶两面无毛，边缘全缘，头状花序多数，在茎枝顶端排成伞房状花序，花序梗细。苞片卵形，内层卵状披针形，舌状小花黄色，极少白色，瘦果压扁，褐色，长椭圆形，冠毛白色，纤细，微糙，3—6月开花结果。

图4-1 苦荬菜

苦荬菜是典型的叶菜类牧草，生长快、产量高、柔嫩多汁、适口性好，是一种产量高、品质优、适应性强的优质饲料。兔、羊、猪、鸡、鸭、鹅、鱼等非常爱吃。苦荬菜病虫害少，再生能力强，刈割后3~5天可长出嫩叶。水肥条件好时，北方可刈割3~5次，南方可刈割6~8次。苦荬菜耐旱能力强，对土壤要求不严，各种土壤质地均可种植。

二、种植与管理

(一) 整地

苦荬菜种子细小，顶土能力弱，直播栽培或育苗移栽时要深翻细耙，尽量使表土层细碎，以利于种子发芽出土。翻耕整地前，中等肥力地块每亩撒施腐熟猪牛粪2 000~2 500千克、过磷酸钙50千克。

(二) 播种

苦荬菜在春季或夏季都可播种或定植，但以3—4月播种或定植的产量最高，生长期最长。在长江中下游地区，露地栽培的可在3月上中旬播种，采用棚室育苗的可在2月中下旬播种；在北方地区，露地栽培的可在4月中旬播种，采用棚室育苗的可在3月中旬或下旬播种。大田直播栽培以条播或穴播为好，行距27~30厘米，每亩播种量300~400克；育苗移栽条播、撒播均可，亩播种量150~200克时可移栽35~40亩大田。一般播深1.0~1.5厘米，播后覆一薄层细土。

(三) 除草

植株封行前易发生草害，大田直播栽培的，幼苗有2片或3片真叶时应中耕除草1次，以后视情况每隔15~20天除草1次，直至封行；大田移栽的，定植苗成活6~8天后要进行中耕除草，以后每隔15~20天中耕除草1次，直至封行。

(四) 水分管理

春末夏初雨水多，对地下水位高和低洼的地块，事前要开好较深的围沟、腰沟和畦沟。降水时应不时巡田，发现堵沟或积水，及时清沟和排水。夏、秋旱时，每隔6~10天沟灌或穴灌1次。

(五) 病害防治

苦荬菜病虫害极少，发生病虫害时如达不到经济为害程度，不需用药防治。发生蚜虫为害时，可喷洒25%吡蚜酮悬乳剂2 000~2 500倍液或2.5%高效氯氰菊酯乳油3 000倍液等，每次每亩喷施药液40~50千克。发生小菜蛾为害时，可喷洒100亿活芽孢/毫升苏云金杆菌悬乳剂700~1 000倍液或2.5%多杀霉素悬乳剂1 300~1 500倍液等，每次每亩喷施药液40~50千克。

三、刈割与利用

苦荬菜主要作青刈利用，可刈割2~3次。第一次刈割，在株高40~50厘米时进行，留茬10~15厘米；当再生植株出现花蕾时，即停止生长，进行最后一次刈割。苦荬菜水分大，可与青贮玉米等禾本科饲草混贮，调制成青贮饲料。用于青贮的苦荬菜，要在蕾期或开花期刈割，不可过早或过晚；入窖30~40天可完成乳酸发酵过程，制成能供饲用的优质青贮饲料。

第二节 菊苣的种植技术

一、概述

菊苣（图4-2）是菊科菊苣属多年生草本植物。茎直立，单生，全部茎枝绿色，有条棱；基生叶莲座状，倒披针状长椭圆形，茎生叶少数，较小，无柄，全部叶质地薄；头状花序多数，单生或数个集生于茎顶或枝端；总苞为圆柱状，外层披针形，上半部绿色，草质，下半部淡黄白色，革质；瘦果倒卵形或椭圆形，褐色，有棕黑色色斑；花果期5—9月。

菊苣有着较强的适应性，生长速度较快，适合在我国大部分地区种植，菊苣的利用率较高，并且用途广，可以作为饲草使用，也是一种蜜源植物。菊苣的再生性很强，并且寿命较长，一次种植可以连续利用5~8年。菊苣喜水肥，耐盐碱，在水肥条件、土壤环境适宜的条件下，生长速度会更快。菊苣的耐寒性和耐旱性都很强，在同样的条件下，菊苣的产量比串叶松香草和白三叶等多年生品种都要高。

图4-2 菊苣

二、种植与管理

(一) 建栽培池

在日光温室或小暖窖内，挖宽1.2米、长5~6米、深0.5米的栽培池。地窖内可做宽1.2米、长5~6米或根据窖长而定、深0.3米的水泥栽培池，立体2~3层。

(二) 种根分类

根据种根大小进行分级,根头直径 4 厘米以上的为一级,根头直径 3~4 厘米的为二级,根头直径 3 厘米以下的为三级。

(三) 囤栽时间

种根收刨后,品种有休眠特性的冷处理 20 天后,根据上市时间,向前推移 35~40 天,即可囤栽。无休眠特性的品种可不进行冷处理。

(四) 根株处理

将根株上部削成尖塔状,留好顶芽,剪去下部根尖,适宜长度为 20 厘米。根株的整理方法:在根冠上约 6 厘米处切除叶丛,掰掉外部的黄叶、烂叶,把大、小根分别堆放,然后运至冷凉处贮存备用。整理时要注意根株上的叶茬不宜过长或过短。留得过长,贮存时易发生腐烂,伤及株根;留得过短,易切伤生长点而不能形成合格的商品芽球。整理工作务必在严寒来临前完成,切勿使根株受冻害,否则在软化栽培时会因根株冻伤而腐烂。

(五) 码根

从池子一头开始码放菊苣根,每行 16~20 根,边码根边填土,要求上齐下不齐。码好之后,用园田土、沙土或锯末等填充根与根之间的空隙。

(六) 水分管理

用塑料管伸到池底部浇水,以防止水流冲倒菊苣根,把水浇足。畦子上面摆上竹竿,竹竿上覆盖黑色膜,不露任何光线。窖温保持 15~20℃。窖温高时揭开草苫降温,窖温低时增加覆盖物。刚入窖时结露较多,应在晚上放开小口透风,但不要见光。菊苣一般播种时间正好是夏季,夏季温度高、雨水多,虽然菊苣的抗涝性比较强,但是也需要做好排水工作,否则也容易产生涝害及病毒病等不良现象。不过,在菊苣出苗后到定苗期间至少要浇水 5

次左右，然后再根据菊苣的生长情况及天气等因素合理浇水。在前期的时候土壤应保持见干见湿；后期控制水分，防止水分过多导致菊苣疯长。进入膨大期后提高浇水量及频率，促进肉质根膨大，在采收前7天左右的时候停止浇水，提高菊苣的贮藏性。

（七）合理追肥

菊苣对营养的需求较大，因此在种植时候还需要做好追肥工作。在定苗后要及时追肥1次。追肥沟的位置不要离菊苣根部太近，防止肥料产生的热量烧坏根部，影响菊苣的生长。每次施肥后都需要浇水1次，中耕1次，深度保持在8厘米左右。如若前期追肥不多的话，则需要在膨大期重施1次，再根据菊苣的生长情况合理追肥。

（八）病虫害防治

菊苣的抗病能力较强，病虫害的发病概率较低。但在温室大棚种植，菊苣会受到一定的病虫害威胁，常见的有病毒病、白粉虱等。因此，需要做好病虫害的防治工作，加强田间管理，做好水肥等基础工作，定期消毒，减少大棚内的病虫菌基数。经常观察菊苣生长情况，当发现有白粉虱病情后，要及时诱杀，使用噻嗪酮等药剂防治。一定要根据具体病虫害对应防治，不可盲目用药，防止产生药害。

三、刈割与利用

一般植株50厘米高时可以刈割，刈割留茬高度在5厘米左右，不宜太高或太低，一般每30天可刈割1次。菊苣播后2个月左右即可刈割利用，若在9月初播种，在冬前可刈割1次，第二年3月下旬至11月均可利用，利用期长达8个月，亩产鲜草量达10~15吨。菊苣可鲜喂、晒制干草或制成干粉，是牛、羊、猪、兔、鸡、鹅等动物的良好饲料。

第三节 串叶松香草的种植技术

一、概述

串叶松香草（图4-3）是菊科松香草属多年生草本植物。根系发达，粗壮，支根多，一般株高2~3米，最高的可达3.5米，茎实心，嫩时质脆含汁。叶色深绿，叶片宽大，一般长60厘米左右，宽30厘米左右，最长叶可达97厘米。头状花序，似菊芋花序，花盘直径2~3厘米，种子为心脏形瘦果，扁平，千粒重23.3克。因有特异的松香味，各种家畜、家禽、鱼类经过较短时期饲喂习惯后，增重效果理想。通过多年来在我国各地的引种栽培，证明它的确是一种高产、优质、适应性强、适口性好的饲

图4-3 串叶松香草

料。可适合喂牛、羊及各种家禽，还可作鱼饲料。鲜草可直接喂牛、羊、兔，饲喂鸡、鸭、鹅时要将鲜草切碎拌料，也可单独或与其他饲料混合制成青贮或高质量的草粉、颗粒饲料等。

二、种植与管理

（一）种植方式

可采用窝播、条播或撒播，此外还有育苗移栽块和无性繁殖。将生长多年的老根挖出，分切成数段，每段保证有 1 个以上根茎，然后移栽到大田里，浇适量的水即可成活。

（二）坪床准备

串叶松香草不耐贫瘠，对水肥要求高，选择通风向阳、土层深厚、排灌方便的肥沃壤土地作苗床，畦宽 1~3 米，沟宽 0.3 米，泥土要敲细，畦面要平整。播种前应深翻土地，并施用足够的基肥。

（三）选用良种

播前种子要日晒 2~3 小时，然后在 25~30℃温水中浸种 12 小时，晾干，再用潮湿细沙均匀拌和，置于 20~25℃室内催芽 3~4 天，待种子多数露白后播种。

（四）适时播种

用生活力强、发芽率高的种子直接播种，春播或秋播均可，但以 3—4 月为好，秋播宜在 9 月中下旬开展。

（五）播种密度

播种量视利用方式而定，留种地宜稀、刈割青饲宜密，按 30 厘米×40 厘米株距定苗，每窝 3 粒或 4 粒，幼苗出齐后间苗，每窝留苗 1 株或 2 株，播种深度为 2~3 厘米。

（六）田间管理

串叶松香草叶子肥大，出苗困难，初期生长较缓慢，易受杂草为害，所以除草和松土是苗期管理重点。由于留种田的串叶松香草植株高，容易被风刮倒，故待苗生长旺盛后，应注意培土起垄，垄高一般10~20厘米，既有利于防风，又有利于排水。串叶松香草耐肥性强，移栽前每亩施栏肥2 500千克、磷肥50千克、氮肥15千克作基肥。串叶松香草抗病能力强，一般病虫害较少。花蕾期有玉米螟侵害，可用敌百虫驱杀。苗期出现白粉病，应及时喷洒0.5波美度的石硫合剂防治。在7—8月高温潮湿时，易发根腐病，可增施有机质肥料，并结合深耕以改善土壤通气性，减轻发病。要拔除、烧毁病株，并在病株处撒上石灰。

三、刈割与利用

串叶松香草一般在种植后40~50天便可刈割，一年刈割5~6次，第一次收割留茬高度要在10厘米以上，此后每隔20~30天刈割1次，北方甘肃、内蒙古等地一年也能刈割4~5次，每次刈割后施足氮肥，干旱的时候及时灌溉，会起到增产效果。不仅鲜草产量高、草质优良，而且富含各种营养物质，尤其是粗蛋白质。当年每公顷可产鲜草45吨左右，翌年每公顷产鲜草150~350吨。

串叶松香草鲜草可喂牛、羊、兔，经青贮后可饲养畜禽，干草粉可制作配合饲料。但需要指出的是，串叶松香草的毒性问题应引起重视。串叶松香草的根、茎中的苷类物质含量较多，苷类物质大多具有苦味。根和花中生物碱含量较多。生物碱对神经系统有明显的生理作用，大剂量能引起抑制作用。叶中含有鞣质，花中含有黄酮类，喂量多会引起家畜积累性毒物中毒。使用串叶松香草作为饲料饲喂畜禽时应该根据实际情况严格控制喂量。

第四节 籽粒苋的种植技术

一、概述

籽粒苋(图4-4)又名千穗谷,是苋科苋属一年生高产优质饲料作物。籽粒苋植株高大,一般株高2~3米。茎直立粗壮,多分枝,茎光滑,有明显的沟棱,呈淡绿色、浅绿色或红色。叶互生,宽大而繁茂,叶片长5~30厘米,宽15厘米左右,叶片有长椭圆形、卵圆形或披针形,叶多绿色,也有少许紫红色的。茎叶脆嫩,适口性好,再生性好,一年可刈割2~3次,是养殖猪、鹅、牛、兔、羊的好饲料。

图4-4 籽粒苋

籽粒苋对土壤要求不严,根系发达,适宜于半干旱、半湿润地区,在酸性土壤、重盐碱土壤、贫瘠的风沙土壤及通气不良的黏质土壤上也可生长。在干旱时,比玉米的吸收能力强。不能作为耕地或者被废弃的耕地、盐碱地均可种植籽粒苋。籽粒苋还可在沙荒地、石头比较多的土地上生长,因此种植区域广。

二、种植与管理

(一) 直播

播种期以南方3—4月、北方4月中旬以后为宜。分为条播和撒播。条播行距30厘米左右,留种田以40~60厘米为宜,播种量为0.75~1.50千克/公顷,覆土1.5~2.0厘米。由于种子较小,直播困难,又不易保苗,最好是采用育苗移栽。这样既能克服上述缺点,又能促进生长和节约用种,并可减少支出,增加产量。

(二) 育苗移栽法

多采用温床育苗法。床址要选择地形平坦、高燥、背风、向阳、排水良好、地下水位低、距水源较近、南面开阔、北面有天然屏障的地方。床土温度在18℃左右,待苗出土70%时立即通风降温。在定植前7~10天应对秧苗进行低温锻炼,以使定植后秧苗适应露地气候。等到苗高至15厘米时即可移栽。

(三) 田间管理

当苗高8~10厘米,即2叶期时,要间苗,有缺苗断空的,可随间随补栽,要做到带土移栽补苗。籽粒苋植株高大,由于头重脚轻易倒伏,可在中耕时培土预防倒伏。对以收籽实为目的的籽粒苋田,最好打掉侧枝,打下的枝芽是畜禽的优质饲料,同时可保证主花序发育良好,主穗大,籽粒饱满,有利于高产。籽粒苋一般病虫害比较少,偶尔发现拔除病株埋掉即可。籽粒苋忌连作,应避免在同一块地连年种植。

三、刈割与利用

一般青饲喂猪、禽、鱼时在株高45~60厘米时刈割,喂大家畜时于现蕾期收割,调制干草和青贮饲料时分别在盛花期和结实期刈割。刈割留茬 15～20 厘米，并逐茬提高，以便从新留的茎节上长出新枝，但最后一次刈割不留茬。一年可刈割 2～3 次，亩产鲜草 5～10 吨。

籽粒苋茎叶柔嫩，清香可口，营养丰富，是牛、羊、马、兔、猪、禽、鱼的好饲料。籽粒苋籽实中含蛋白质 14%～19%，还有丰富的钙和 B 族维生素、维生素 C，可作为优质精饲料利用。茎叶中含丰富的粗蛋白质、无氮浸出物和矿物质，且粗纤维含量低，适口性好，其营养价值与紫花苜蓿和玉米籽实相近，属于优质的蛋白质补充饲料。

籽粒苋无论青饲还是调制青贮、干草和干草粉均为各种畜禽所喜食。奶牛日喂 25 千克籽粒苋青饲料，比喂玉米青贮产奶量提高 5.19%。青饲喂育肥猪，可代替 20%～30% 的精饲料。在猪日粮中其干草粉比例可占到 10%～15%，家兔日粮中占 30%，饲喂效果良好。籽粒苋植株含有较多的硝酸盐，刈割后堆放 1～2 天转化为亚硝酸盐，喂后易造成亚硝酸盐中毒，因此青饲时应根据饲喂量确定刈割数量，刈割后要当天喂完。

第五节　聚合草的种植技术

一、概述

聚合草（图 4-5）是紫草科聚合草属丛生型多年生草本植物，高 30～90 厘米，全株被向下稍弧曲的硬毛和短伏毛。聚合草适应性广，产量高，利用期长，茎叶柔软多汁，纤维素含量低，消化率高，含有丰富的蛋白质和各种维生素，是畜禽重要的饲料来源之一。同时，聚合草可作药用，也有一定的观赏价值。

图 4-5 聚合草

二、种植与管理

(一) 种植方法

聚合草可用肉质根进行无性繁殖。常用的繁殖方法有分株、切根、根出幼芽扦插、茎秆扦插等。把生长健壮的多年母株连根挖起，去除上部茎叶，切下根颈段 5~6 厘米，纵向切开分为几株，每株带有 1 个或 2 个芽即可直接栽植于大田进行分株繁殖。凡是直径在 0.3 厘米以上的根均可切根繁殖，种根充足时，进行大面积栽植的根段长度不应低于 2 厘米，直径不应小于 0.5 厘米。直径大于 1 厘米的可切 2 段，大于 3 厘米可切成 3~4 段。将切好的根段横放入土中，覆土 4~5 厘米，1 个月左右即可出苗。切根繁殖时，可将有根段上的不定芽切下，进行扦插移植。只需留下 1 个或 2 个不定芽与母株定植，其他芽切下，芽尖朝上，覆土 3~4 厘米，压紧浇水，待长出不定根后移植大田，以提高成活率。

(二) 坪床准备

栽种聚合草应选择地势平坦、土层深厚、营养丰富且排灌条件良好的地块。栽种前必须深翻土地，耕深25厘米以上，熟化土壤，精细整地，每公顷施入约75吨厩肥以作基肥。

（三）适时播种

进行茎秆扦插时，要在夏秋开花之前，选用粗壮花茎，去掉上部花蕾，将茎秆切成15~18厘米长的插条，每段保留1个芽和1片叶即可。

（四）播种密度

大田栽植时，一般以株距60~70厘米、行距40~60厘米为宜，但也需要根据土壤肥沃程度、施肥水平、排灌条件、田间管理水平、机械化程度等情况进行调整，每公顷30 000~37 500株。

（五）田间管理

定植成活后，应立即进行第一次中耕除草，封行前进行第二次中耕除草，同时每次刈割后结合施肥、灌水进行中耕除草，每次每公顷可施用硫酸铵150~225千克。聚合草耐阴，可将其与玉米、萝卜、白菜等进行间作套种。我国北方冬季严寒无积雪覆盖地区，聚合草越冬困难。可在聚合草最后一次刈割后冻土前覆土；或者利用干马粪、碎草、锯末、炉灰等覆盖8~10厘米，能起到保温防寒作用。聚合草在高温高湿的情况下易发生褐斑病和立枯病，导致烂根死亡，病株一经发现应立即挖出深埋或焚毁，并用50%多菌灵可湿性粉剂500倍液等杀菌剂喷洒植株及土壤，防止病情扩散。聚合草虫害较少，只在苗期受地下害虫（地老虎、蛴螬等）影响较大，施用90%敌百虫原药1 000~1 500倍液即可消灭害虫。

三、刈割与利用

聚合草茎叶柔软多汁，适口性好，可用于猪、牛、羊等家畜的饲养，生湿喂、青贮皆可。青鲜状态饲喂最佳，打浆或打成菜泥与糠麸混合可用于猪的饲喂，整株可用于牛的饲喂，切碎可用于家禽饲喂。在现蕾开花期，可将聚合草单贮或者与青玉米秆、大麦、燕麦等禾本科牧草混贮。聚合草营养丰富，纤维素含量低，消化率高，含有丰富的蛋白质和各种维生素，鲜草中的粗蛋白质低于紫花苜蓿，而干草中的粗蛋白质含量与优质紫花苜蓿干草相当。同时，聚合草内含有聚合草素，并可在动物体内积累，因此，在饲喂时应该控制喂量，过多食用不仅有碍消化，还会对家畜家禽产生毒害作用，应配合精料以及其他饲料使用。

聚合草栽植第一年，南方一般能刈割2~4次，东北和西北地区只能刈割2次或3次。第二年以后，南方一年能刈割4~6次，北方一年刈割3次或4次，35~40天可刈割1次，留茬高度不宜超过5厘米。最后一次刈割应在停止生长前30天完成，以便有足够的再生期，积累充足的养分，有利于越冬芽良好形成，安全越冬。在良好的栽培管理条件下，一次栽植聚合草，可以利用十多年甚至几十年。

第六节 饲用甜菜的种植技术

一、概述

饲用甜菜（图4-6）又名饲料萝卜、甜萝卜、糖菜，是藜科甜菜属甜菜的变种。二年生草本植物，具粗大的块根。生长第二年抽花茎，高可达1米左右。根出丛生叶，具长柄，呈长圆形或卵圆形，全缘呈波状；茎生叶菱形或卵形，较小，叶柄短。圆锥花序大型，花两性，胞果，生产上称为种球，种子横生，双凸镜状，种皮革质，红褐色，具光亮。

饲用甜菜适合在我国北方广大地区种植，甘肃、内蒙古一带

图 4-6 饲用甜菜

栽培较多。饲用甜菜是一种低温长日照作物，耐旱不耐热，喜欢昼夜温差大的凉爽气候，对水反应敏感，对土壤条件要求不苛刻，耐盐碱能力强。

饲用甜菜根供饲料用，是猪、牛、羊等动物的良好饲料，并且具有产量大、经济效益高等优点。

二、种植与管理

（一）整地施肥

饲用甜菜为深根性作物，深耕细耙锄地能显著提高饲用甜菜出苗率，增加后期产量。要求深耕的深度为 20~30 厘米。由于饲用甜菜生育期长，产量高，需肥多，翻耕土地时可施用农家肥 2 000~3 000 千克/亩作基肥，同时混施一定量的氮、磷、钾肥。在饲用甜菜的整个生育期，需氮 12.0 千克/亩、磷 2.7 千克/亩、钾 13.3 千克/亩。饲用甜菜生育前期需氮更多，后期则需要磷、钾更多。

（二）播种

饲用甜菜主要进行春播，播种时间在 4 月上旬，通常在 5 厘米地温稳定在5℃时即可播种。播种可选择条播或点播。每亩地的播种量以0.8~1.0千克为宜。播种深度为2~3厘米，行间距通常为50~55厘米，株距为20~25厘米。

（三）放苗间苗

播种育苗后要及时放苗，去除地膜，从而防止烧苗现象，放苗时期，以幼苗叶片已经开始触及地膜为宜。高温天气放苗，则要先通风，再放苗，防止高温天气对幼苗的直接损害。幼苗具2片或3叶时，间苗，保留壮苗，间除病、弱苗；植株具有7片或8片真叶时，定苗，定苗要求株距为35~40厘米，保证密度在5 000~6 000株/亩。

（四）中耕除草

在幼苗出齐后进行第一次中耕除草，中耕深度以4~5厘米为宜；幼苗生长到2片或3片真叶时进行第二次中耕除草，结合中耕除草进行间苗；植株生长到7片或8片叶时进行第三次中耕除草，同时进行定苗。第三次中耕时要进行培土，培土以土埋根颈为标准。

（五）肥水管理

饲用甜菜为喜肥水作物，田间合理浇水、施肥能确保高产。饲用甜菜的生育期中要适当追肥，追肥与浇水相结合。在出苗后的60天左右，灌头水，当中午有大部分的饲用甜菜叶出现萎蔫时可浇水，每亩灌溉量为80~90米^3；浇水前2~3天，结合中耕培土，每亩可追施尿素10~15千克、过磷酸钙20~30千克，施肥方式采用根旁深施。

（六）病虫害防治

饲用甜菜具有较好的抗病能力，病虫害主要发生在逆境条件下。饲用甜菜主要的病害包括褐斑病、蛇眼病、花叶病毒病等；虫害则主要有金龟子、潜叶蝇、甘蓝叶蛾等。病虫害通常主要通过田间管理进行防治，如及时排灌水、施肥壮苗、选育抗病虫害品种等；严重的病虫害可以通过化学试剂进行防治，如喷施多菌灵、百菌清以及杀虫剂等进行防治。

三、刈割与利用

饲用甜菜一般在10月中下旬收割。饲用块根可鲜藏，也可青贮。饲用甜菜是秋、冬、春三季很有价值的多汁饲料，具有较高的营养水平。其粗纤维含量低，易消化，是羊优良的多汁饲料。饲用甜菜叶柔嫩多汁，可鲜饲，也可青贮。肉质块根是家畜冬季的优质多汁饲料，有利于增进家畜健康并提高产品率，但不适宜饲喂种公羊，易引起尿道结石。切碎或粉碎，拌入糠麸喂，或煮熟后搭配精料喂。北方冷冻贮藏的块根，快速清洗后粉碎，趁冻拌入精料，待化开再喂。

第五章 青贮饲料的加工技术

第一节 青贮饲料的概念和发酵过程

一、青贮饲料的概念

青贮饲料是指在青贮容器中,将新鲜的、半干的青绿饲草在密闭条件下利用饲料本身附着的乳酸菌或外来添加剂,经厌氧发酵处理得到的可以长期保存的饲料产品。青贮饲料气味酸香、柔软多汁、适口性好、营养丰富,有利于长期保存,是家畜的优良饲料来源。

二、青贮饲料的优缺点

(一) 青贮饲料的优点

1. 可以最大限度地保持青绿饲料的营养物质

一般青绿饲料在成熟和晒干之后,营养价值降低 30%~50%,但在青贮过程中,由于密封厌氧环境,物质的氧化分解作用微弱,养分损失仅 3%~10%,从而使绝大部分养分被保存下来,特别是在保存蛋白质和维生素(胡萝卜素)方面要远远优于其他保存方法。

2. 适口性好,消化率高

青饲料鲜嫩多汁,青贮使水分得以保存。青贮饲料含水量可达70%。同时在青贮过程中由于微生物的发酵作用，产生大量乳酸和芳香物质，更增强了其适口性和消化率。此外，青贮饲料对提高家畜日粮内其他饲料的消化性也有良好作用。

3. 可调节青饲料供应的不平衡

由于青饲料生长期短，老化快，受季节影响较大，很难做到一年四季均衡供应。而青贮饲料一旦做成可以长期保存，保存年限可达2~3年或更长，因而可以解决青饲料供应时间不均衡的问题，做到营养物质的全年均衡供应。

4. 可净化饲料，保护环境

青贮能杀死青饲料中的病菌、虫卵，破坏杂草种子的再生能力，从而减少其对畜、禽和农作物的为害。另外，秸秆青贮已使长期以来秸秆焚烧的现象大为减少，使秸秆变废为宝，减少了对环境的污染。

（二）青贮饲料的缺点

第一，青贮饲料一次性投资较大，如青贮壕（沟）或青贮窖，以及青贮切碎设备等。

第二，由于青贮原料粉碎细度较小，以及发酵产生乳酸等，饲喂青贮饲料过多有可能引起某些消化代谢障碍，如酸中毒、乳脂率降低等。

第三，若制作方法不当，如水分过高、密封不严、踩压不实等，青贮饲料有可能腐烂、发霉和变质等。

三、青贮饲料发酵过程

青贮饲料调制需要在密封的环境中进行，密封的目的在于防止贮存过程中外部空气进入青贮环境，以使饲料尽快进入厌氧发酵过程。在密闭环境中，青贮过程涉及氧气、可溶性糖和营养物质含量的变化以及微生物生理活动。根据营养物质的变化，青贮饲料发酵过程大致分为4个阶段。

(一) 有氧发酵阶段

这一阶段主要是植物呼吸作用和好氧微生物的繁殖，持续1~3天。在这一过程中饲草营养成分的变化主要是淀粉、半纤维素和果聚糖在植物酶作用下转化为水溶性碳水化合物，然后被分解为二氧化碳和水，并释放热量；蛋白质在植物酶作用下转化为多肽、氨基酸、氨基化合物和氨。因此，该阶段时间应尽量缩短。

(二) 厌氧发酵阶段

经3天左右的有氧发酵阶段后，青贮进入厌氧发酵阶段。在厌氧发酵阶段，微生物种群发生变化，其中乳酸菌将可溶性碳水化合物转化成乳酸等有机酸，迅速下降青贮pH值，形成酸性环境，因此也抑制腐败细菌和梭状芽孢杆菌等有害菌的活动。厌氧发酵阶段因饲草原料性质和青贮条件而异，可以持续7~30天。

(三) 稳定阶段

随着厌氧发酵过程中pH值的下降和乳酸菌活动的减弱，青贮进入稳定阶段。在这一阶段微生物过程几乎停止，只有一些碳水化合物酶类还能继续发挥作用，将植物组织继续分解，生成少量可溶性碳水化合物，补充发酵底物。此外，在这一阶段还有一些耐酸的蛋白酶将含氮化合物转化成氨，这种情况下，乳酸菌的活动也被乳酸和低pH值的环境抑制。在这一阶段青贮营养物质损失较少，pH值维持在4.0左右，饲料质量稳定。

(四) 开窖阶段

在青贮饲料开窖使用时，氧气可以进入青贮设施表面，甚至达到青贮饲料1米深的内部。此时酵母菌、霉菌等有害微生物在氧气环境中开始活动，引起青贮饲料有氧变质、发热，乳酸含量降低，pH值升高，降低青贮饲料的饲用价值，同时饲料中霉菌毒素的存在也会影响家畜健康。此外，好氧微生物的活动会进一步消耗青贮饲料中糖类和蛋白质等营养物质，导致营养损失。

第二节　青贮饲料的调制技术

一、青贮设施

生产中采用不同的设施贮藏青贮饲料，主要有青贮窖（壕）、青贮塔、地面堆贮、裹包青贮和袋装青贮。不同设施各有优缺点，青贮窖（壕）、青贮塔、地面堆贮等青贮方式需要一次性封装，常年取用，较适合生产规模大、集约化程度高、近距离贮藏，多应用于畜牧场自产自用。而裹包青贮和袋装青贮的优点是使用简便、适用性好和存放地点灵活。裹包青贮更易进行商品化，每袋青贮饲料可作为一个独立的产品，制作容易，取饲灵活。应该根据畜牧地点、畜牧养殖的规模、青贮原料类型和经济成本等因素选择合适的青贮贮藏方法。

（一）青贮窖（壕）

青贮窖（壕）（图5-1）常采用地下式和半地下式两种方式建造。青贮窖（壕）多应用于地下水位低、热高燥的地方。青贮窖（壕）最好土壤坚实，背风向阳，选在靠近畜舍但远离水源和粪池的地方。需注意地下式和半地下式青贮窖（壕）的底部必须要高出当地历年最高地下水位0.5米。青贮窖（壕）在建造时一定要保证密闭性，不透气且不渗水，最好采用砖石将其砌成永久性的，以保证密封性，提高青贮效果。青贮窖（壕）的容量需要根据养殖规模和饲养需要来确定，确保每天的用量达到足够的深度，从而最低限度地减少青贮饲料在空气中的暴露，整齐的切割可以抑制空气渗透和有害菌的腐败。贮量少的多用圆形青贮窖，而贮量多时，则以长方形沟状的青贮壕为好。青贮窖的长宽要上下一致，底部呈弧形，青贮窖要有一定深度，一般宽深比例为1∶1.5或1∶2，有利于压实。青贮壕的地面应倾斜，以利于排水。青贮壕的优点是便于人工或半机械化机具装填、压紧和取料，可从一端取用，因此对建筑材料要求不高，造价低。但是青贮壕的密封性较差，养分损失较大。

图5-1 青贮壕

（二）青贮塔

对地下水位高、气候温暖的地带，可建青贮塔。青贮塔是用砖、水泥、钢筋等原料砌筑而成的永久性塔形建筑（图5-2）。塔的高度应根据设备的条件而定，如有自动装原料的青贮切碎机，可以建8～10米甚至更高的青贮塔。青贮饲料一般都从塔顶部装入，取青贮饲料可采用从顶部取和从底部取2种方法。青贮塔的优点是坚固、经久耐用，青贮饲料霉坏损失率低，使用中受气候影响较小；缺点是建塔费用较高，适用于在地势低洼、地下水位高的地区及大型牧场或城市郊区使用。

图 5-2　青贮塔

(三) 地面堆贮

在地下水位较高的地方也可采用地面堆贮。通常是将饲草逐层堆积压实后，使用塑料膜密封。地面堆贮相比上述设施而言，没有建设费用，不受地形限制，机械化程度高、速度快、贮量大，操作简单经济。

(四) 裹包青贮

拉伸膜裹包青贮技术是指将收割的牧草用打捆机进行高密度压实打捆，通过裹包机用拉伸膜裹包起来（图5-3），从而创造一个厌氧的发酵环境，完成乳酸发酵过程。裹包青贮过程中牧草含水量应控制在65%左右，不同水分含量会影响裹包青贮饲料的质量。拉伸膜裹包层数一般为4~6层，颜色以黑色为主。

其优点主要是制作方便、快捷，萎蔫时间短，受天气影响小；有氧腐败损失小于青贮窖；取用操作及饲喂方便。其缺点是贮存期比用青贮窖青贮的饲料短；发酵程度较低，冬天不易保存；裹包青贮膜易受到物理损坏，导致有氧腐败；塑料膜存在回收问题，易导致有机污染。

总而言之，拉伸膜裹包青贮是一项机械化程度高、先进的青

图 5-3 裹包青贮

贮生产技术,对机械化设备要求高。机械设备及膜的材质、颜色、厚度、包裹层数等对裹包青贮饲料的品质均有影响。在青贮过程中,还应注意原料的水分含量和捆扎密度等,保证青贮发酵的正常进行。

(五)袋装青贮

袋装青贮(图 5-4)是将切碎或揉碎处理后的原料用青贮专用塑料袋装填,有一次性投资少、适合多种原料青贮、可单独贮

图 5-4 袋装青贮

存等优点,可根据饲养方式制备不同大小的袋装饲料。青贮袋保管良好,可多次重复使用,特别适合生产地块分散、规模较小的收获模式。其缺点一是所需机械技术较高,二是袋装青贮对青贮作物的水分、收获时机和添加剂等问题有较高的要求。

二、青贮原料

常用青贮原料包括:禾本科的有玉米、黑麦草、无芒雀麦;豆科的有紫花苜蓿、三叶草、紫云英;其他根茎叶类有甘薯、南瓜、苋菜、水生植物等。为了保证青贮质量,青贮原料的选择要注意以下事项。

(一) 青贮原料的含糖量要高

含糖量是指青贮原料中水溶性碳水化合物的含量,这是保证乳酸菌大量繁殖、形成足量乳酸的基本条件。青贮原料的含糖量应为其鲜重的 1.0%~1.5%。应选择植物体内碳水化合物含量较高、蛋白质含量较少的原料作为青贮原料,如禾本科植物、向日葵茎叶、块根类原料均是含碳水化合物较高的种类。而含水溶性碳水化合物较少、蛋白质较多的原料,如豆科植物和马铃薯茎叶等原料,较难青贮成功,一般不宜单贮,多采用将这类原料刈割后预干到含水量达 45%~55% 时,调制成半干青贮。

(二) 青贮原料必须含有适当的水分

适当的水分是微生物正常活动的重要条件。水分过少,影响微生物活性,另外也难以压实,造成好气菌大量繁殖,使饲料发霉腐烂;水分过多,糖浓度低,有利于丁酸梭菌的活动,易结块,青贮品质变差,同时植物细胞液汁流失,养分损失大。对水分过多的饲料,应稍晾干或添加干饲料混合青贮。青贮原料含水量达 65%~75% 时,最适合乳酸菌繁殖。豆科牧草含水量以 60%~70% 为宜;质地粗硬原料的含水量以 78%~80% 为好;幼嫩、多汁、柔软的原料含水量以60%为宜。

三、青贮饲料的调制类型

（一）一般青贮

1. 收割、运输

青贮饲料的种类较多，如全株玉米，其收割期为乳熟后期至蜡熟前期；半干原料的收割期为蜡熟期；豆科牧草的收割期为开花前期；玉米秸秆的收割期为完全成熟期前15天，并在收割前做摘穗处理；禾本科牧草的收割期为抽穗期。一般收割宁早勿迟，随收随贮。收割完青贮原料后应立即运走，避免其长时间晾晒于阳光下，导致水分或营养流失。

2. 切碎

使用铡草刀或是机器将原料切碎，长度以3~4厘米为宜，切碎处理能够使青贮原料温度达到30℃左右，进而形成厌氧环境，切碎的目的是增加青贮密度，排除孔隙间的空气，使植物细胞渗出汁液，湿润原料表面，有利于乳酸菌繁殖发育，同时便于采食。切碎是青贮成功的主要保障。

3. 调节水分含量

青贮原料的含水量是影响青贮品质的重要因素，适宜的含水量是保证青贮过程中乳酸菌正常活动的重要条件之一。青贮饲料的适宜含水量为65%~75%，该含水量适宜乳酸菌的生长繁殖，若青贮含水量较高则会造成可溶性组分大量流失，乳酸菌发酵转为异型发酵，能量损失增加，进而降低青贮品质。因此，如果原料的含水量较大，可在阳光下适度晾干，然后加工。在入窖前期无须对原料进行加水处理，在装填至距离青贮窖口60厘米左右时开始加水。若玉米秸秆的湿度不大，可在装料至一半时逐量加水，若其较为干燥，则在装料厚度为50厘米时逐量加水。应坚持边装料边加水、先少量后多量的加水原则,并在加水期间将原料压实。

4. 装填与压实

原料切碎后应立即装填,在青贮窖中,窖底可垫一层 10~15 厘米的切碎软草,以吸收青贮汁液。同时,四周加强密封,防止漏气透水。在装填原料时,应进行层层压紧,小型青贮可由人工踩实,大型青贮则要用拖拉机或其他设备层层压实,在压实过程中应注意周边部位,以制造较为理想的厌氧环境,保证青贮的成功。

5. 密封、管护

装填完毕后应立即密封,原料的装填高度多比窖口高 30 厘米,可使用塑料膜将其严密覆盖,并用土再覆盖 40 厘米左右,使用遮雨布遮盖,防止淋湿。密封后,在青贮窖四周距离 2 厘米处挖一排水沟,若雨水较多,则应在窖上搭棚,并注意检查窖顶的完好性,若有裂缝,应用土压实。

6. 开窖、取料

通常来说禾本科饲草应在密封后 30~40 天开窖,豆科饲草则为 2~3 个月。取料时应从上往下取,横切面取料则应垂直于窖壁从其中一头取。应注意切勿从中开洞取料或者全部打开取,若取料结束应及时密封避免其漏水透气等。

(二)半干青贮

半干青贮又称低水分青贮。一般是将收割的青贮原料晾晒风干或集成宽 1.0~1.6 米的小草垄,经过 24 小时,使其茎秆含水量降至 45%~55%,然后切碎、装填、压实、密封,控制发酵温度在 40℃以下。

(三)草捆青贮

草捆青贮一般包括袋装草捆青贮、大圆草捆堆装青贮、方捆青贮和拉伸膜裹包青贮等。袋装草捆青贮是饲草收割后，铺成草条，然后用捡拾压捆机制成大圆捆，装入塑料袋，最后选择场地垛好，袋口系紧，保持密封。大圆草捆堆装青贮是先将大圆草捆堆成紧凑的草垛，然后用塑料布盖严实。若多层贮藏，则需要各层草捆错开呈金字塔状。方捆青贮通常是采取多层堆垛方式，一般堆3层草捆高。注意草捆之间不留空间，外面覆盖的塑料布上用轮胎或沙土压紧。拉伸膜裹包青贮也属于低水分青贮，是目前最先进的青贮技术之一。首先，将饲草原料适时刈割晾晒，当水分含量达到半干青贮条件后，集成草条，通过拖拉机捡拾压捆，做成密度高、形状整齐的捆包，并在当天迅速裹包，使拉伸膜青贮饲料尽快进入厌氧状态。注意拉伸膜要选择质量验证过的合格材料，同时在操作过程中防止泥土等混入。

（四）混合青贮

混合青贮是根据不同青贮原料的性质，把2种或2种以上的青贮原料混合青贮。比如，把含水量太大的叶菜类与干物质含量高的饲草或农作物秸秆混合，把豆科饲草（如紫花苜蓿）与禾本科饲草混合，把红三叶与高粱（或玉米）秸秆混合，把豌豆与燕麦混合，等等，起到取长补短的作用。

（五）添加青贮

添加青贮又称添加剂青贮，是指将青贮原料装入青贮设备时，按适当的比例加入有效的添加剂，从而改善青贮饲料的营养品质。添加剂包括：①发酵促进剂，如糖蜜（制糖副产品）和乳酸菌制剂等；②发酵抑制剂，如甲酸（蚁酸）或甲醛等；③好气性变质抑制剂，如丙酸等；④营养性添加剂，如尿素等。其余操作方法与一般青贮相同。

四、贮藏期间的管理要点

青贮产品在贮藏期间必须加强管理，注意防止空气进入、微生物侵染、发热变质等影响产品质量，造成经济损失。良好的青贮饲料如果管理得当，可贮藏多年，最多可达到 30 年，可有效保证家畜一年四季都能吃到优良多汁的饲料。

(一) 避免空气进入的管理

青贮过程是好氧和厌氧之间的竞争。在贮藏过程中设施密封不严或青贮袋破损，致使青贮饲料与空气接触，将导致青贮饲料二次发酵，从而增加好氧微生物的活性，加速青贮饲料中糖、乳酸、蛋白质和氨基酸等营养物质的分解，并且产生大量热量，pH 值也升高。为了获得品质良好的青贮饲料，从青贮窖原料的填充到贮藏期的密封保存，都必须避免空气进入青贮饲料。

在使用青贮窖贮藏过程中要随时注意观察发酵饲料的沉降情况。由于自身重力和发酵降解饲料会发生下沉，上部的多余空间将可能有空气进入。另外，开窖后青贮饲料表层接触氧气，不良发酵的程度加剧。所以，青贮窖取料时应垂直于青贮饲料的横断面，由上向下分段切取，取料以当日喂完为准，保持青贮的新鲜，切忌一次取料使用数日，取料后应立即密封取料面。包裹好的饲料最好选择在具有硬化地面和遮阳防雨的仓库放置。露天放置亦要选择地势较高且平坦的区域，避免雨水进入以及环境因素造成裹包的变形或破损。在贮藏过程中要定时检查裹包破损或老化的情况。在存放地点可放置虫鼠药，减少动物对裹包的破坏。注意避免进行多次大型机械的搬运，减少其外部塑料受到物理损伤。此外，要考虑裹包青贮中包裹青贮材料的选用。为了长时间密封贮藏，一般使用聚乙烯薄膜和黑白膜。与聚乙烯薄膜相比，在青贮饲料有氧暴露时，黑白膜可延迟酵母菌和霉菌生长，也能抵抗鸟类和啮齿类动物对裹包的损伤和紫外线的照射。

(二) 减少污染物侵染的管理

青贮饲料在贮藏过程中很容易受有害微生物及其代谢毒素的污染，降低青贮品质和反刍动物的生产性能，严重危害动物和人类的健康。在青贮过程的不同时期采取不同的预防性策略，防止病原体产生和青贮变质。在起始阶段，要对所使用的原料收割机械、青贮窖和工具等进行消毒处理，减少其所携带的病原菌进入青贮饲料的生态系统。要迅速建立厌氧环境，防止青贮产生污水，各种青贮设施应注意建立良好的排水系统。另外，确保在贮藏过程中青贮饲料的酸化环境，酸化是青贮饲料贮存的主要因素。可在青贮饲料中掺入尿素增加其缓冲能力，也可以添加化学试剂、糖类、微生物接种剂和酶制剂等来促进青贮饲料酸化，限制青贮饲料中病原微生物的生长。

(三) 适宜的温度管理

乳酸菌最适宜的生长温度为 20~30℃。温度过高乳酸菌将停止生命活动，导致青贮饲料营养流失；温度过低则造成其繁殖受限制，生活力降低，不利于青贮发酵过程的进行。因此，在青贮过程中需要根据此要求适宜地调整温度。要时时刻刻检查青贮窖（壕）、青贮塔等青贮设施的内部温度。使用裹包青贮和袋装青贮时一定要注意拉伸膜和塑料袋的颜色，黑色拉伸膜/塑料袋的内部温度高于其他颜色的拉伸膜/塑料袋。裹包青贮和袋装青贮注意要放置在避光通风处，减少紫外线辐射，避免青贮饲料内部温度过高。另外，一定要注意在冬天低温时需采取一定的保温措施，维持乳酸菌适宜的生存环境。

五、全株玉米青贮饲料调制技术

影响全株玉米青贮饲料品质的关键因素包括青贮玉米品种、收获时期、干物质含量和调制方法。其中，青贮玉米品种是青贮的限制因素，收获时期影响青贮的产量和质量，干物质含量和调制方法决定全株玉米青贮的成败。

（一）收获时期

把握好收获时期是控制青贮质量的前提，收获时间不能太早，也不能太晚。一般认为，在玉米籽实蜡熟期（乳线 1/2～2/3），植株下部有 4～5 个叶片变棕黄色，全株干物质含量在 30%～35% 时收获青贮，产量和质量均较理想，且玉米粒中的淀粉含量适宜。此外，全株玉米青贮原料水分一般以 60%～70% 为宜。

（二）留茬高度

留茬高度是影响全株玉米青贮饲料品质的因素之一。留茬高度太低，泥土中的梭菌属腐败菌容易造成青贮原料腐败，影响青贮品质，且根部粗纤维含量过高，影响家畜采食量；留茬高度太高，影响青贮原料产量。全株玉米青贮时适宜的留茬高度为 15～20 厘米（图5-5）。

图 5-5 适宜的留茬高度

(三)切段长度

适宜的青贮饲料长度,可以刺激家畜反刍,并且有利于压实。制作全株玉米青贮时适宜的切割长度为 1.0~2.2 厘米。此外,青贮玉米联合收获机械或青贮玉米切碎机械必须带有籽粒破碎装置。籽粒破碎后,其中的淀粉可以被微生物利用,有利于提高青贮品质。

(四)装填压实

在全株玉米进行青贮装窖前,应将青贮窖彻底清洗干净,并消毒,之后晾晒 7 天左右,以减少杂菌的为害。从收获现场到青贮原料入窖的运输时间不超过 3 小时,越快越好,避免青贮原料温度过高。卸车的青贮原料应在 10 分钟内推入青贮窖中,青贮原料入窖时就要开始压实,压实用大功率拖拉机或装载机(图 5-6)。压实时,每层青贮原料的厚度控制在 30 厘米左右,压实 1 层后,应喷洒 1 次青贮发酵剂,压实程度应为 750~800 千克/米^3。青贮装填应在 3 天内完成,最长不超过 7 天。

图 5-6 青贮玉米机械化压实

(五)封窖盖膜

青贮原料最高处高出窖墙(或地面)30~50 厘米的时候便

可以封窖，封窖采用隔氧膜或普通透明膜，之后覆盖黑白膜，黑色在内，白色在外，注意接缝处重叠 1~2 米。覆盖膜后用废旧轮胎、沙袋等重物进行镇压（图 5-7）。

图 5-7　盖膜镇压

(六) 巡窖管理

在镇压之后，应做好管理工作，定时进行青贮窖巡查工作，以免出现薄膜破裂、有积水等情况。漏洞应及时修补，积水应及时排出。

(七) 开窖取料

封窖 50 天之后方能开始开窖，开窖太早，青贮原料尚未发酵完成，青贮质量差，并且可能造成二次发酵，进一步影响青贮品质；取料时，应从一端打开，从上到下取用，厚度在 30 厘米。具备条件的牧场可采用青贮饲料取样设备。

第三节　青贮饲料的品质鉴定

青贮饲料的发酵品质在一定程度上能反映青贮饲料的营养价值。一般情况下，青贮饲料经过 3 周的乳酸发酵，即可进行品质鉴定，确定青贮饲料的质量和营养价值。青贮饲料品质的鉴定方法主要包括感官评价和实验鉴定2种。

一、采集样品

鉴定青贮饲料的品质，首先要正确取样。为了使所取样的色、香、味、质地、茎叶的比例、含水量等方面都具有代表性，应从青贮塔、青贮窖或青贮袋等不同层次选取样品。

采集样品的方法有2种。一种方法是将一端堆压的土层和薄膜去除后，再去除表面30厘米左右的青贮饲料，然后用锋利的刀切一定量的饲料块（切忌用手掏取）。取样后，要立即填补封严，以免空气侵入使青贮饲料霉变。在冬季还要防止青贮饲料结冻。另一种方法是在制作青贮时，将搅拌的原料装入备好的30厘米×33厘米的布口袋内，放在窖中央深60厘米的位置（如果是青贮壕，则放置在壕一端的中央），开窖后，取出布口袋即可。

二、感官评价

感官评价是在农牧场或其他现场，根据青贮饲料的色泽、气味和质地等进行评价，进而评定青贮品质。

（一）观察色泽

青贮饲料的颜色因所用的原料和调制方法等不同而有所差异。优质的青贮饲料色泽接近原色。青贮后仍然为绿色或者黄绿色。青贮过程发酵温度是影响青贮饲料色泽的主要因素，温度越低，青贮饲料越接近于原料的色泽。对于禾本科牧草，当青贮窖的贮存温度高于30℃时，青贮饲料的颜色会变成深黄色；当贮存温度为45～60℃时，青贮饲料的颜色变为棕色；当温度大于60℃时，由于糖分焦化，青贮饲料的颜色近乎为黑色。

常用的青贮饲料有全株玉米青贮、紫花苜蓿青贮、小麦青贮等。全株玉米青贮和紫花苜蓿青贮原料一般为青绿色或黄绿色，而小麦青贮原料一般为黄绿色，也有些为青绿色。原料经过微生物发酵后，青贮饲料的颜色多为青绿色或黄绿色，也有部分青贮饲料颜色为暗绿色。青贮饲料色泽的评定分为3个等级：优良青贮饲料接近青贮原料的颜色，呈现青绿色或黄绿色；中等青贮饲料呈黄褐色或暗绿色；下等青贮饲料多为暗色、褐色、墨绿色或黑色，与青贮饲料原料差异较大，表明已经变质。

（二）辨别气味

除观察青贮饲料的颜色外，还要闻青贮饲料的气味。青贮原料在微生物作用下进行厌氧发酵，产生的有机酸含量不同，进而导致青贮饲料的气味不同。品质优良的青贮饲料乳酸含量较高，通常带有轻微的酸味和淡淡的酒香味，给人一种舒适的感觉。品质中等的青贮饲料有微弱的丁酸臭味或较强的醋酸味，芳香味较弱，仍可饲喂家畜，但不适于饲喂妊娠家畜。如果青贮饲料带有陈腐的脂肪臭味或令人作呕的发霉气味，说明青贮饲料中有丁酸产生，这是青贮饲料制作失败的标志，此为下等青贮饲料，不宜饲喂家畜。出现霉味说明青贮窖压实不严，空气进入青贮窖中引起青贮饲料霉变。出现较强的臭味，说明青贮饲料的蛋白质已大量分解。总之，芳香而喜闻者为上等，刺鼻者为中等，臭而难闻者为劣等。

（三）检查质地

优质青贮饲料在密闭容器内压得紧实，但拿在手中松散柔软，略湿润但不粘手，使用的原料基本保持原来的性状，容易分离。植物的结构如叶、茎、花蕊保持青贮原料的状态且茎叶易分离。全株玉米青贮饲料中的玉米籽粒应大部分破碎，不见完整籽粒。中等青贮饲料茎叶部分保持原状，但茎叶分离困难，质地柔软，稍干或水分稍多。劣等青贮饲料黏结成块，茎叶腐烂且黏结在一起或污染严重，分不清原有结构或拿在手上质地松散而干燥。劣等青贮饲料不能用于饲喂家畜。

三、实验鉴定

实验鉴定是通过化学试剂及化学方法对青贮饲料进行鉴定。用化学方法分析测定青贮饲料pH值以及有机酸（乙酸、丙酸、丁酸、乳酸）的总量和构成、氨态氮、微生物指标等。

（一）pH值

pH值是衡量青贮饲料品质的重要指标之一，pH值与发酵质量以及干物质损失程度有着密切的关系。优质青贮饲料pH值低于4.2；中等青贮饲料pH值为4.2~5.5；劣等青贮饲料pH值为5.5~6.0。

实验室测定pH值一般采用精密雷磁酸度计测定，在生产实践中可用精密石蕊试纸测定。

在青贮过程中添加乳酸菌能够促进乳酸发酵，加快pH值的降低速率，而丁酸发酵则使pH值升高。低pH值能够有效抑制各种微生物的活动，而且在有氧阶段也会抑制有害微生物的生长，减少青贮饲料的营养损失。

（二）有机酸

有机酸也是评定青贮品质的重要指标。青贮饲料原料本身含有柠檬酸和苹果酸等有机酸，在青贮过程中这些酸经过乳酸菌发酵可以生成乳酸、乙酸、丁酸等，通过有机酸总量及其结构可以看出青贮过程的质量，优质青贮饲料有机酸占鲜重的2%~5%，其中乳酸占33%~50%，乙酸占33%，青贮中含有丁酸则说明品质差。

乙酸能够抑制酵母菌、霉菌等有害微生物的生长繁殖，但乙酸含量过高会影响干物质采食量，从而影响家畜生产性能，另外乙酸引起的其他因素变化也会影响家畜的生长。丙酸对大多数的青贮腐败菌都有一定的抑制作用，但其有效作用浓度较大。丁酸主要由丁酸梭菌生成，它对酵母菌和霉菌有强烈的抑制作用，但丁酸具有难闻的气味，会影响家畜对饲料的采食量。戊酸和己酸能够抑制饲料发酵过程中各种微生物的代谢繁殖。

一般乳酸的测定用常规法，而其他挥发性脂肪酸用气相色谱仪测定。具体的评分标准可用目前世界广泛采用的弗氏评分法。

(三) 氨态氮

氨态氮与总氮的比值反映青贮饲料中蛋白质及氨基酸的分解程度。比值越大，说明蛋白质分解越多，青贮质量不佳。具体标准：10%以下为优；10%~15%为良；15%~20%为一般；20%以上为劣。

利用蒸馏法或其他方法来测定氮，为了使测定结果能充分说明青贮饲料品质，取样一定要有代表性。取样都应遵循通用的"对角线和上、中、下设点取样"的原则。取样点距离青贮容器边缘不少于30厘米，以免外界环境的影响。

(四) 微生物指标

饲料中的微生物指标主要包括乳酸菌、梭菌、腐败菌、醋酸菌、酵母菌和霉菌数量。青贮饲料中的微生物种类及数量是影响其品质的关键因素。青贮的过程也是各种微生物相互竞争生长的过程。在青贮发酵初期，好氧菌利用容器内残余的空气进行呼吸，造成营养物质的流失，霉菌也会产生毒素；随着氧气的耗尽，厌氧微生物逐渐增多，其中乳酸菌会成为优势菌群，产酸降低pH值后能够抑制其他有害微生物的生长；随着乳酸菌的继续生长，乳酸进一步积累，当pH值降低到一定程度后，乳酸菌的生长也会被抑制，青贮进入稳定阶段。开窖以后，酵母菌和霉菌的存在会引起二次发酵。

1. 乳酸菌

乳酸菌是促使青贮饲料发酵的主要有益微生物。乳酸菌发酵分解糖类后，产生的二氧化碳进一步排出空气，分泌的乳酸使得饲料呈弱酸性（pH值3.5~4.2），能有效地抑制其他微生物生长。发酵到一定阶段后，乳酸菌也被自身产生的乳酸抑制，发酵过程停止，饲料进入稳定贮藏。

2. 梭菌

梭菌属于专性厌氧菌，在厌氧状态下生长繁殖，能分解原料中的糖、有机酸和蛋白质，是有害菌。在青贮过程中应防止和控制梭菌的繁殖，如若梭菌控制了青贮发酵过程，则会产生大量的丁酸和乙酸，乳酸和糖分没有被很好地保存下来，青贮饲料就会发黏、发臭，温度通常会很高，能量损失严重，这不是优质的青贮饲料，不宜饲喂家畜。

3. 腐败菌

青贮饲料中的腐败菌能分解蛋白质和氨基酸，在正常的青贮过程中，pH值降低到4.4时腐败菌生长繁殖受到限制。因此，在青贮过程中迅速造成酸性环境可有效控制腐败菌的活动和繁殖，提高青贮成功率。

4. 醋酸菌

醋酸菌往往出现在青贮初期，在还有空气的情况下醋酸菌能将青贮饲料中的乙醇变为乙酸，降低青贮饲料品质，但随着乳酸菌的迅速繁殖，其活动会减弱。

5. 酵母菌和霉菌

酵母菌和霉菌都属于真菌，酵母菌利用青贮饲料中的糖分进行繁殖，可以增加饲料中的蛋白质含量，同时产生乙醇，因此青贮饲料有一定的酒香味。霉菌是青贮饲料的有害微生物，能分解糖分和乳酸，还能产生对牲畜有毒的物质，青贮饲料产生霉菌说明饲料已经变质。

第六章 干草的加工技术

第一节 饲草作物的收割技术

收割期对饲草的品质有较大影响。适时收割的干草一般颜色较青绿、气味芳香、叶量丰富、茎秆质地柔软、营养成分含量高、消化率高。不同种类的畜牧生产实践表明，只有优质的青干草才能保证家畜的正常生长发育，才能保证畜产品具有较高的营养价值。因此，想要制备具有家畜必需的各种营养物质和较高消化率与适口性的优质干草，必须根据不同饲草作物的特性来确定适当的收割期。

一、确定饲草作物适宜收割期的原则

确定饲草作物最适宜收割期，必须优先考虑2项指标：产草量和可消化营养物质含量。在饲草作物的生长周期内，只有当产草量和可消化营养物质含量之积（即综合生物指标）达到最高值，才能达到该饲草作物最适宜的收割期。

确定牧草适宜收割期应遵循以下原则。

第一，以单位面积营养物质产量最高的时期或以单位面积可消化营养物质含量最高的时期为标准。

第二，收割有利于再生、多年生或者越年生（二年生）牧草的安全越冬和返青，并对翌年的产量和寿命无影响。

第三，根据不同的利用目的来确定适宜的收割期。

第四，天然割草场，应以该草场中的优势种牧草的适宜收割期为准。

二、豆科饲草作物的适宜收割期

豆科牧草多为人工栽培种植，常见的有紫花苜蓿、草木樨、红三叶、白三叶、紫云英，以及包括豌豆、蚕豆和黄豆等在内的豆科类农作物。豆科牧草一般富含蛋白质（占干物质的16%~22%）、维生素和矿物质，而其在不同生长阶段的营养成分变化比禾本科牧草更为明显。以紫花苜蓿为例，最适宜收割期为现蕾期。初花期收获的干草产量较高，但是初花期收割与现蕾期收割相比其粗蛋白质含量减少。

豆科牧草叶片中的蛋白质含量较茎中蛋白质含量多，叶片所含蛋白质占整个植株蛋白质含量的60%~80%。因此，叶片在豆科牧草植株中的占比直接影响其营养价值。但是，豆科牧草的茎叶比随着生长阶段的变化而变化，在现蕾期叶片重量大于茎秆重量，一般生长到开花期时茎秆就已经逐渐变得粗硬光滑，直至终花期茎秆重量明显较叶片重量大。

栽培豆科牧草在现蕾开花期（或者始花期到盛花期）收割更加适宜，如在豆科牧草茎下部的2个或3个花序中仅见到花，则属在花期收割，如草屑中有大量种子则属于收割过晚。另外，早春收割幼嫩的豆科牧草会大幅度降低当年的牧草产量，也会降低多年生豆科牧草翌年的返青率。这是由于牧草根系碳水化合物含量低，同时根部在越冬过程中受到一定程度的损伤且不能得到很好的恢复造成的。

综上所述，从豆科牧草产量、营养价值和有利于其再生等各方面情况考虑，豆科牧草的最适宜收割期应为现蕾期至始花期。

三、禾本科饲草作物的适宜收割期

禾本科牧草主要是天然草地、人工种植草地、荒山野坡、田埂以及沼泽湖泊内生长的无毒野草，常见的有燕麦、羊草、老芒麦、黑麦草、老鹳草等牧草。禾本科牧草一般茎秆上部柔软，基部粗硬，且大多数茎秆呈空心状态、上下较均匀，整株牧草均可饲用。在拔节抽穗以前，叶多茎少，纤维素含量较低，质地柔软，蛋白质含量相对较高；但是一旦抽穗开花结实，茎秆就会变得更加粗硬光滑，茎叶比显著增加，蛋白质含量减少，纤维素含量显著增加，使其适口性和消化率均有所降低。

对于多年生禾本科牧草而言，其生长期内的总体趋势是粗蛋白质在抽穗前期较高，开花期开始下降，成熟期最低；而粗纤维含量从抽穗期到成熟期逐渐增加。从草产量来看，一般草产量高峰出现在抽穗期至开花期，也就是说禾本科牧草在开花期内产量最高，而在孕穗期至抽穗期饲料价值最高。

因此，同时兼顾营养物质含量、干草产量、再生性以及下一年的生产力等因素，多年生禾本科类牧草一般在抽穗期至开花期收割比较适宜。凡禾本科牧草的穗中只有花而无种子则属于在花期收割，绝大多数穗含种子或留下护颖则属于收割过晚，此时，禾本科牧草草质粗糙老化，适口性和营养价值降低。

四、树叶类干草的适宜采集时间

我国各地森林资源丰富，可以用来饲喂家畜家禽的树叶品种繁多，主要有槐树、杨树、柳树、榆树、杏树、桃树、梨树以及一些灌木类的树叶等（无毒树叶）。如果能够在适宜的时间收集这些树叶，加工调制成适口的饲料，便能在饲草短缺的冷季发挥很大的作用。

树叶类干草所含的营养成分一般不低于禾本科牧草。一般情况下，常收集夏秋季节营养物质相对丰富的树叶用作干草饲料，但一到深秋的霜降时节树叶将逐渐变得枯黄老化。因此，树叶类干草的采集时间一般均在霜降前。

第二节 饲草作物的干燥技术

为减少干草营养物质的损失，在刈割后，最重要的是使牧草迅速脱水，促进植物细胞死亡，以减少饥饿代谢的营养消耗，并且要尽可能快地将参与分解营养物质的酶钝化，使营养物质的消耗减少到最低限度。干燥是牧草生产过程中的关键环节，能否把大量的牧草变成可利用的优质牧草商品，就取决于这一环节的成败。

一、饲草作物干燥原则

根据干草调制的基本原理，在牧草干燥过程中，必须遵循以下原则。

第一，尽量加速牧草的脱水，缩短干燥时间，以减少生理、生化作用和氧化作用造成的营养物质损失。

第二，在干燥末期应力求植物各部分的含水量均匀。

第三，牧草在干燥过程中，应防止雨露的淋湿，并尽量避免在阳光下长期暴晒。应当先在草场上使牧草凋萎，然后及时搂成草垄或小草堆进行干燥。在干旱地区，干草产量低，刈割后直接将草搂成草垄进行干燥。

第四，集草、聚堆、压捆等作业，应在植物细嫩部分尚不易折断时进行。

二、饲草作物干燥方法

饲草作物干燥方法的种类多,但大体上可分为两大类,即自然干燥法和人工干燥法。下面介绍几种常用的干燥方法。

(一) 自然干燥法

自然干燥法主要是借助自然的阳光和风调制干草,地面干燥法、草架干燥法和发酵干燥法等均属此类。

1. 地面干燥法

地面干燥法是将收割后的牧草在原地或运到地势较高、较干燥的地方进行晾晒调制干草的方法。牧草刈割后在地面干燥6~7小时,当含水量降至40%~50%时,用搂草机搂成草条继续干燥4~5小时,并根据气候条件和牧草的含水量进行翻晒,使牧草含水量降到35%~40%,此时牧草的叶片尚未脱落,再用集草器集成0.5~1.0米高的草堆,经1.5~2.0天就可调制成含水量15%~18%的干草。豆科牧草在叶片含水量为26%~28%时,叶片开始脱落;禾本科牧草在叶片含水量为22%~23%,即牧草全株的总含水量在40%以下时,叶片开始脱落。为保存营养价值较高的叶片,搂草和集草作业应在牧草含水量不低于40%时进行。紫花苜蓿一般在刈割后铺成15厘米厚的草垄进行干燥,待含水量降至40%左右时用搂草机进行翻晒,当含水量达到18%以下时进行打捆。

牧草在草堆中干燥,不仅可以防止被雨淋或被露水打湿,还可以减少日光的光化学作用造成的营养物质损失,增加干草的绿色及芳香气味。试验证明,搂草作业时,侧向搂草机的干燥效果优于横向搂草机。

2. 草架干燥法

在雨水较多的季节、地区,采取地面干燥法会导致干草变褐、发黑、发霉腐烂，需置于专门制作的干草架上进行干草调制（图6-1）。干草架有独木架、三脚架、幕式棚架、铁丝长架、活动架等。在凉棚、仓库等地搭建若干草架，将刈割后的牧草在地面干燥0.5~1.0天再移到草架上。遇到降雨时也可直接在干草架上干燥，将饲草一层一层地放置于干草架上，直至饲草晾干，在架上晾晒的青草，要蓬松堆放，呈圆锥形或屋脊形，厚度不超过80厘米，离地面应有20~30厘米，堆中应留通道，以利于空气流通，外层要平整，保持一定倾斜度，以便于排水。草架中部空虚，便于空气流通，有利于牧草水分散失，大大提高牧草干燥速度，减少营养物质的损失。

图6-1　草架干燥法

3. 发酵干燥法

在光照时间短、光照强度低、潮湿多雨的地区，很难单独利用太阳晒制来调制干草，必须结合利用草堆的发酵产热降低水分来完成牧草的干燥。发酵干燥法是介于调制青干草和青贮饲料之间的一种特殊手段，将收获后的牧草先进行摊晾，使其含水量降低到50%左右，然后将草堆积成3~5米高的草垛，把草垛逐层压实，每层可撒饲草重量0.5%~1.0%的食盐，以防止发酵过度。牧草本身细胞的呼吸热和细菌、霉菌活动产生的发酵热在牧草堆中积蓄，草堆温度可上升到 70~80℃，借助通风手段将饲草中的水分蒸发使之干燥。

（二）人工干燥法

在自然条件下晒制干草，营养物质损失较多，若采用人工干燥法，即利用大气的快速流动和高温进行迅速干燥可有效避免牧草营养物质的损失。人工干燥法的原理是扩大牧草与大气间的水势差，使失水速度加快。空气的高速流动带走了牧草周围的湿气，并且减少水分移动的阻力。国内外干燥设备主要包括转筒式干燥设备、带式干燥设备、远红外干燥设备、气流干燥设备、过热蒸汽干燥设备和组合干燥设备等。目前常用的人工干燥法有常温通风干燥法、低温烘干法、高温快速干燥法。

1. 常温通风干燥法

该方法通常是在一个干燥间内设置大功率鼓风机若干台，地面安置通风管道，管道上设通风孔。需干燥的牧草经刈割压扁后，在田间干燥至含水量为 35%~40% 时运往干燥间，堆在通风管道上，开动鼓风机完成干燥。传统的固定式单风向干燥装置存在的缺点是进风口处牧草干燥速率大，草层中间部位及气流出口处干燥速率小，造成草层不同部位含水量差距大，从而影响了干草品质和延长了干燥时间。新式的通风干燥往往采用太阳能集热装置或变换通风方向等手段。研究结果表明，换向通风干燥可以缩短牧草干燥时间，提高干燥的均匀性，达到了提高干燥效率和干燥质量以及节约能量的目的。

2. 低温烘干法

该方法是通过建造牧草干燥室、配备空气预热锅炉、鼓风机和牧草传送设备，用煤或电作能源将空气加热到 50~70℃ 或 120~150℃ 并鼓入干燥室内，利用热气数小时的流动完成干燥。

3. 高温快速干燥法

高温快速干燥法是将鲜草切短，利用高温气流（500~1 000℃或1 000℃以上）将牧草迅速干燥，干燥时所采用的能源有煤油和红外线，干燥设备主要是高温气流转筒式烘干设备。干燥时间取决于烘干机的种类和型号，从几小时到几分钟，甚至数秒钟，使牧草的含水量从80%~85%下降到15%以下，接着将草粉碎制成草粉或经粉碎压制成颗粒饲料。有的烘干机入口温度为75~260℃，出口温度为25~160℃；有的烘干机入口温度为420~1 160℃，出口温度为60~260℃。虽然烘干机中热空气的温度很高，但牧草的温度很少超过35℃。

通常情况下，机械干燥所生产的草粉营养价值较高，其维生素和胡萝卜素保存率也较高。尽管高温干燥设备比较昂贵，一次性投资大，但从长远利益角度来看，仍然具有可行性。

综上所述，地面晒制的干草，蛋白质和胡萝卜素损失最多，人工干燥法调制的干草损失最少，架上晒制的损失居于两者之间。因此，在生产中亦可将刈割后的鲜草在田间晒制一段时间，当鲜草含水量降至某程度，因气候条件不允许继续晾晒下去，或因空气湿度较大，不可能在短期内使水分降低到安全水分时，将这些半干草人工干燥，并加工成所需的草产品。这种方法的优点是烘干时所耗能量较小，固定投资和生产成本较低，可提高生产效益。这一方法适合在年降水量为300~650毫米的地区使用。

(三) 其他加速牧草干燥的方法

1. 压裂牧草茎秆法

牧草干燥时间的长短，实际上取决于其茎秆干燥时间的长短。例如，豆科牧草及一些杂类草当叶片含水量降低到15%~20%时，茎秆的含水量仍为35%~40%，导致干草调制过程中富含蛋白质的叶片大量脱落，营养物质随之流失，使干草质量下降。因此，加快茎秆的干燥速度，就能缩短牧草的整个干燥过程。

压扁处理可以在一定程度上解决该问题。使用牧草压扁机将牧草茎秆压裂，破坏了植物的角质层、维管束和表皮结构，并使其暴露于空气中，从而加快了茎秆内水分的散失速度，使茎秆和叶片的干燥时间差距缩短，减少了牧草的干燥时间及营养物质的损失。研究表明，压扁处理的紫花苜蓿的干燥速度显著快于未压扁处理的，紫花苜蓿叶片的损失显著降低，紫花苜蓿干草的粗蛋白质、总消化营养物质、无氮浸出物和胡萝卜素含量均明显高于未压扁处理的。另外，消化率较低的中性洗涤纤维和酸性洗涤纤维含量明显低于未压扁处理的，从而改善了干草的营养品质。在压扁的程度上，研究发现，随着压裂程度的提高，牧草干燥速度加快，其中未压扁、轻度压扁、中度压扁和重度压扁的紫花苜蓿达到安全含水量的时间分别为78小时、76小时、74小时和58小时。

目前国内外常用的茎秆压扁机有两类，即圆筒型和波齿型。圆筒型压扁机有捡拾装置，压扁机将草茎秆纵向压裂；而波齿型压扁机有一定间隔地将草茎秆压裂。一般认为，圆筒型压扁机压裂的牧草，干燥速度较快，但在压挤过程中往往会造成鲜草汁液的外溢，破坏茎叶形状，因此要合理调整圆筒间的压力，以减少损失。现代化的干草生产常将牧草的收割、茎秆压扁和铺成草垄等作业，由机器一次完成，牧草在草垄中晒干后（3~5天），便由干草捡拾压捆机压成草捆。

2. 双草垄速干法

割草后稍微干燥一下，即用搂草机搂成双行的小草垄。经过一定程度的干燥后，再用左右两组连挂的侧向搂草机把两行草垄合为一行。这样可使牧草在草垄中比较疏松，有利于空气流通。

此法适于在产草量中等（2 000~3 000千克/公顷）的割草场应用。

3. 豆科牧草与作物秸秆分层压扁法（秸秆碾青法）

豆科牧草适时刈割后，把麦秆或稻草铺成平面，厚约10厘米，中间铺豆科牧草10厘米；上面再加一层麦秆或稻草。然后用轻型拖拉机或其他镇压器进行碾压，到豆科牧草的绝大部分水分被麦秆或稻草吸收为止。最后晒晾风干、堆垛。此法调制的豆科牧草呈青绿色，品质好，同时还提高了麦秆和稻草的营养价值。此法适于小面积高产豆科牧草的调制。

4. 施用化学制剂加速田间牧草（豆科）的干燥

由于自然干燥受环境影响较大，而人工干燥投资较高，为了达到缩短干燥时间和提高干燥效果两方面的目标，近年来人们对采用物理和化学处理方法进行了广泛的研究。牧草收获后，水分从植物体内向外散失，水分的散失主要是通过维管束系统和细胞间隙到气孔。当细胞间隙的自由水失去后，水分就从细胞内进入细胞间隙。由于细胞壁的阻力较大，水汽通量少，并且叶片表皮通常会有一层角质层，是疏水亲油的蜡质层，在一定程度上又阻止了牧草水分的散失，因而细胞内的水分干燥速度较慢。而碳酸氢钠、碳酸钾等化学干燥剂可使植物表皮的物理结构和化学结构发生变化，使气孔开张，或改变表皮的蜡质疏水性，从而加快细胞内水分的散失。

第三节 干草的贮藏技术

在干草贮藏过程中，呼吸作用、氧化作用、酸败、虫害、鼠害、微生物和人为因素等会造成饲料营养价值的变化。制成的干草通过安全的贮藏，可以保存较长的时间，不仅能满足草食家畜在冬季对营养丰富饲草的需求，也能作为一种不可替代的粗饲料成为草食家畜日粮组成中的重要成分。随着贮存饲料在饲养体系中重要性的日渐增加，贮藏干草的重要性也日益增加。合理地贮藏是干草生产利用的一个重要环节，方法不当、管理不善不仅使干草营养物质遭到重大损失，而且可能会导致漏水霉烂或引发火灾。

目前的干草贮藏技术在推动草产品加工、促进畜牧业发展等方面起着至关重要的作用。草块、草捆是干草贮藏的主要方式，合理的贮藏技术包括控制水分、低温贮藏、防霉治菌、避免变质等。

一、干草的贮藏形式

无论是在室外堆垛保存，还是打捆贮存，即使贮存在干燥的条件下，存放的干草也会因风化作用而品质变劣。在潮湿的环境中，霉菌生长还会引起干草发霉和产热，导致蛋白质消化率下降。霉菌呼吸还会减少干草中碳水化合物含量而使干草损失。

（一）根据干草贮藏条件分类

干草的贮藏形式根据干草贮藏条件可以划分为以下 5 类。

1. 自然通气贮藏

为了阴干高水分干草，可在草垛中设置梯形通气道（高 2.0 米，底宽 1.4 米，上部宽 0.9 米）进行自然通风，这可保持干草低水分，并减少因酶的作用所产生的损失。

2. 主动通风贮藏

对于堆垛存放的干草，可采用强制通气的方式吸收和排出草垛中空气的水分。主动通风干燥的设备由金属通风管和风扇组成。干草干燥后用拖拉机从草垛中拉出通风设备。采用主动通风方法，贮存在干草棚中干燥散干草的含水量不应多于 35%，预先加压的干草含水量也不应多于30%。采用空气分散系统（由主管道和侧隔板组成）分层干燥，散干草第一层的厚度不应超过2米，当干草的水分降至25%后，放置第二层干草，然后是第三层干草。加压干草的空气分散系统是用草捆的棱面组成的通气管，并由边行捆建立紧密层以消除压缩空气的流失，第一层草捆的厚度为1.5米。当通风后干草的含水量从30%下降到20%时，放置第二层草捆继续通风，再放置第三层草捆。

3. 化学贮藏

潮湿干草易生长霉菌，可以用保藏剂来预防。据报道，有机酸和有关的化合物可抑制霉菌在高水分干草中的生长，但乳酸菌对保藏剂的作用不敏感，仍有生活力，并能产生大量的有机酸而保存牧草的营养。对用0.4%甲酸保藏6个月的干草进行分析，结果证明，乳酸积累量占总酸量的48.7%，占保存总氨量的90.3%；每吨干草掺入10千克丙酸可减少产热和贮存损失，保持干草品质，用山梨酸和苯甲酸保藏也有较好的效果。决定化学药剂保藏性能的重要措施是压紧干草，创造厌氧条件，防止营养物质损失。

4. 无水氨贮藏

在干草调制工艺中虽然广泛应用先进的调制方法（人工通风和压缩）来减少营养损失，但依然会损失一定量的营养。化学保藏剂能创造厌氧条件，防止营养损失，但不能改善和提高干草品质。研究表明，无水氨能杀死霉菌孢子，防止贮期内霉菌的生长。紫花苜蓿干草用无水氨处理，不仅适口性好，而且粗蛋白质含量也比未处理的高。例如，在孕蕾期刈割的紫花苜蓿在田间风干至35%~40%含水量，堆垛后立即注入浓度为22.5%~24.0%的氨水（用量为干草重量的1%），其干草中的温度比空气温度低2.0~2.5℃，可消化蛋白质比人工通风的干草高24%、胡萝卜素高33%。

5. 打捆贮藏

将干草压制成密度为 54~70 千克/米^3 或 160~300 千克/米^3 的长干草捆和 80~110 千克/米^3 的切碎干草捆（每捆重量为 14~68 千克），在室内贮藏。一般的干草捆每捆的重量为 500~600 千克，密度为 110~250 千克/米^3，通常贮放在室外，由人工或机械作业饲喂家畜或远距离运输。将干草通过压块机制成密度为 420~550 千克/米^3 的干草块或草饼，在市场上颇受欢迎。所压制的干草必须较干（含水量 10%~12%），而且至少含有 90% 的豆科牧草。因此，干草压块一般局限于干燥地区，并以商业经营为主。将干草捆放在室内或室外遮盖贮藏，未受风化干草的可消化干物质无变化，受风化部分大约占整个草捆重的 13%。

为了提高干草的干物质消化率，减少木质素对纤维消化性的影响，在打捆时可添加氢氧化钾、氢氧化钠。氢氧化钠可提高纤维素的消化率，但它也会影响家畜体内的矿物质平衡，故需要对矿物质补充物的组成做某些调整。氨水对矿物质平衡无影响，并能提高粗蛋白质含量。对成熟鸭茅干草的研究表明，每千克干重用 30 克氨水进行氨化处理，可使干草的粗蛋白质含量从 7.0% 增加到 12.2%，可消化干物质从 47.7% 增加到 54.8%，家畜的自由采食量大约增加 20%。

（二）根据干草产品类型分类

针对不同类型的干草产品，采取的贮藏方式也有所不同。

1. 散干草贮藏

含水量降至 15%~18% 后进行堆藏，贮藏的地点要求地势高燥。在草垛的下层铺上约 30 厘米的树干、秸秆、砖块，在垛底周围挖排水沟。堆垛过程中要一层层堆高、压实，从垛顶的 1/2 处开始逐渐放宽，各边宽于垛底 0.5 米，有利于排水。

2. 干草捆贮藏

一般采用露天堆垛，可在顶部加防护层或贮藏于草棚中。将青干草压成长方形或圆形草捆，再一层一层堆放贮藏。底层应铺平，为了使草捆稳固，上下层之间的接缝要相互错开。从第二层开始，每层设置通风道，双数层纵向通风，单数层横向通风，通风道的数量要根据草捆含水量而定。堆垛的大小要视贮藏地点来定，堆垛完成后可在顶部用草帘或遮雨物覆盖。

3. 半干草贮藏

牧草适时收割后，短期晾晒，在含水量35%~40%时打捆，每捆加入25%的氨水，堆垛后用塑料薄膜覆盖密封。氨水用量为干草重量的1%~3%，处理时间根据温度来定，一般在25℃时至少需要21天。在贮藏过程中，为保证贮藏干草的品质和避免损失，应经常检查和管理，要注意防止垛顶塌陷和漏雨，还要注意防止垛基受潮，以免造成损失。

二、干草贮藏含水量的简单判定

在实际生产中，常采用简单的干草含水量的判别方法，具体如下。

第一，含水量15%~16%的干草紧握时发出沙沙声和破裂声，将草束搓揉或折曲时草茎易折断，拧成的草辫松手后几乎全部迅速散开，叶片干而卷。禾本科草茎节干燥，呈深棕色或褐色。

第二，含水量17%~18%的干草紧握或搓揉时无干裂声，只有沙沙声，松手后干草束散开缓慢且不完全。叶卷曲，弯折茎的上部时，放手后仍保持不断。这样的干草可以堆藏。

第三，含水量19%~20%的干草紧握时不发出清楚的声音，容易拧成紧实而柔软的草辫，搓拧或弯曲时保持不断。不适于堆藏。

第四，含水量23%~25%的干草搓揉时没有沙沙声，揉成的草束不易散开，手插入干草有凉的感觉。这样的干草不能堆垛贮藏。

三、干草贮藏注意事项

露天贮藏的大型干草捆，大部分腐烂原因是由于其从地面吸潮，因此要尽可能避免或减少草捆与地面的接触；草捆堆放时，草捆之间要有通风口，保持良好的通风效果，以便水分蒸发，防止草捆发热、霉变；草捆堆垛后要用木栅围成草圈，在其四周挖防畜沟和打防火墙，并经常注意做好防畜、防火、防水工作；草捆可用塑料袋包装，提高草捆的保存性能，延长保存时间，减少运输过程中营养物质的消耗；长期贮藏应安装监测系统来测试温度并与报警器相连，防止干草发酵产热而引起自燃。

四、干草贮藏的辅助技术

（一）干燥技术

干草在高水分条件下打捆贮藏，若无任何干燥技术其营养价值将会大幅降低；而添加干燥剂处理的干草在贮藏期间的各种营养成分都会不同程度地提高，改善了干草的适口性，提高了营养价值。在贮藏紫花苜蓿草捆的时候，一般在草捆内部添加氢氧化钾固体。氢氧化钾等干燥剂的添加会有效降低草捆的含水量，使营养成分保存得较好。

（二）防霉技术

含水量降到12%左右且空气平衡湿度在65%以下（大多数霉菌此时不会生长），干草营养成分才能保持不变。干草含水量较高会引起发热，导致好氧细菌及霉菌的生长繁殖，因此干草的防霉是干草贮藏过程中的重要环节，防霉主要需要以下2个条件。

1. 控制贮藏条件

干草在贮藏过程中，贮藏环境的温度、相对湿度和自身的含水量是其得以安全贮藏的关键，如果能将贮藏环境的温度和相对湿度控制在较低范围，将自身含水量控制在安全含水量以下，则可在一定程度上防止干草霉变。因此，干草理想的贮藏条件是低温干燥。

2. 添加防霉剂

添加防霉剂是目前国内外使用广泛、有效的干草防霉措施之一，其防霉效果显著，操作简便。干草防霉剂主要分为化学防霉剂和天然防霉剂两大类。在生产中常用的化学防霉剂主要是有机酸、有机酸盐和复合防霉剂三大类；天然防霉剂包括天然矿物质防霉剂和中草药防霉剂两大类，与化学防霉剂相比，其具有成本低、来源广、毒副作用小等优点，常用的天然防霉剂为氧化钙和柑橘皮。当草产品中含水量高于13%时，都应考虑在其中添加防霉剂。为了减少牧草在贮藏过程中的营养损失，在草捆中添加适宜的防霉剂对延长贮藏时间意义重大。

与化学防霉剂相比，天然防霉剂具有无毒、无害的优点，研究表明其在干草贮藏中能表现出较好的效果，将会有更好的应用前景。但是，国内的干草贮藏多使用化学防霉剂，在干草天然防霉剂方面的研究较少，因此开展干草天然防霉剂研究不仅对我国干草贮藏是一个技术储备，也是生产安全优质干草产品的现实需要。

五、干草贮藏的评定方法

（一）根据干草颜色判别

干草的颜色和气味是判断干草调制和贮藏质量的标志。干草的绿色程度越高，表示干草中营养成分保存得越多，按照干草的颜色，可以分为4类。

1. 鲜绿色

表示青草刈割适时，在调制过程中未受到雨淋和太阳的暴晒，在贮藏过程中未遇到高温发酵，能较好地保存青草中的养分，属于优良干草。

2. 淡绿色（灰绿色）

表示干草的晒制与贮藏基本合理，未受到雨淋，也没有发霉，营养物质无重大损失，属于良好干草。

3. 黄褐色

表示青草收割过晚，虽在晒制过程中受到雨淋，在贮藏期间曾经过高温发酵，营养成分损失严重，但尚未失去饲用价值，属于次等干草。

4. 暗褐色

表明干草的调制和贮藏不合理，不仅受到雨淋，而且已发霉变质，不宜饲用。

（二）根据干草味道判别

干草的芳香气味是在干草贮藏过程中堆积发酵后产生的，这可以作为干草合理贮藏的标志，可以分为4个等级。

1. 优等

色泽青绿，香味浓郁，没有霉变，没有被雨淋。

2. 中等

色泽灰绿，香味较淡，没有霉变。

3. 较差

色泽黄褐，无香味，茎秆粗硬，有轻微霉变。

4. 劣质

霉变严重，具有较浓的干草霉味。

第四节　干草的品质鉴定

干草的品质在很大程度上影响了家畜的采食量及其生产性能。干草品质评价有利于准确掌握干草的潜在饲用价值和未来发展前景，对我国乳业的健康发展起着极大的促进作用。干草评价主要以直观观察法（眼观、手摸、鼻嗅）、化学鉴定以及生物学鉴定3种形式来鉴定。

一、直观观察法

直观观察法是通过人的感官来评定干草品质，即依靠人的肉眼观察和嗅觉、触觉进行评价。

(一) 主要鉴别特征

1. 刈割时期

一般为青绿色，气味芳香浓郁，无异味，叶量比较丰富，无发霉或者感染病虫害，茎秆柔软，营养成分含量高。刈割太晚或雨淋就会有褐色斑点或者白毛状物质。

2. 颜色

优质牧草颜色较绿，营养物质损失越少的牧草，颜色越深，可溶性营养物质、胡萝卜素及其他维生素也就越多。劣质牧草是淡黄色或者浅白色。

3. 杂草占比

天然草地干草：植物学组成具有决定性意义。人工栽培干草：主要是看杂草在整个草群中所占的比例，杂草数量越多，其营养价值就越低。

4. 叶片含水量

叶片含水量一般为 $15\% \sim 18\%$。

5. 叶片数量

干草中叶片数量是确定干草品质的重要指标，叶片数量越多，其营养价值越高。一般禾本科干草叶片不易脱落，而优良豆科干草的叶重应占干草总重量的 30%~50%。

6. 病虫害

凡是经过病虫感染过的牧草调制成的干草，不仅营养价值低，而且有损家畜的健康。病虫感染特点：有褐色斑点或白毛状物质，有腐臭气味。

（二）干草比例的配制

干草中各种草的比例是影响其品质的一个重要因素。植物种类不同，其营养价值差异较大，通常将牧草组成分为豆科、禾本科、其他可食牧草、不可食草和有毒植物 5 类。优质豆科或禾本科牧草所占的比例越大，干草品质越好；杂草数量多时则干草品质较差。人工栽培的牧草非本品种杂草比例不宜超过 5%。天然草地干草如果禾本科牧草所占比例高于 60%，则表明植物组成优良。杂草中存在少量的地榆、防风、茴香等，能增加干草的芳香气味，并可以增强家畜的食欲，但不应存在白头翁和翠雀等有害植物。

二、化学鉴定

干草品质化学鉴定主要是通过化学分析方法测定干草中各营养成分的含量，这是评价干草品质最重要的科学依据。

（一）养分分析法

近似组分分析法或者概略养分分析法是国内外最常用的常规分析。首先，将干草营养价值分为六大概略养分：水分、粗蛋白质、粗纤维、粗脂肪、粗灰分和无氮浸出物。此方法比较简单，但是不能精确地划分每一类营养成分，因此只做这一种检验不能判断出优质干草的营养成分。

（二）康奈尔净碳水化合物和蛋白质体系（CNCPS）分析法

康奈尔净碳水化合物和蛋白质体系分析法是美国康奈尔大学在1991年首次提出的。CNCPS评价体系是基于饲草的常规营养价值和反刍动物体内的消化降解规律，将饲草中的碳水化合物和蛋白质划分为可降解部分和不可降解部分。碳水化合物主要包括快速降解碳水化合物、中速降解碳水化合物、慢速降解碳水化合物和以不可利用纤维为主的碳水化合物。蛋白质主要包括非蛋白氮、真蛋白质和不可利用蛋白质。

CNCPS评价体系能够真实、直接地反映饲草在反刍动物瘤胃内蛋白质和碳水化合物的降解、消化及能量和蛋白质的吸收效率等情况，为预测饲草的生物学价值和反刍动物的生产消化性能提供可能性，有利于以后改良日粮配方。

（三）范式纤维分析法

范式纤维分析法是对粗纤维和无氮浸出物进行了修正和重新划分。每种组分都与营养价值有关，中性洗涤纤维含量与草食家畜采食量呈负相关，酸性洗涤纤维含量与草食家畜消化率呈负相关。动物能够直接利用饲草中的脂肪、糖、淀粉、蛋白质和半纤维素等可溶性细胞内容物，该方法能够将这些可溶性细胞内容物与不容易被吸收的细胞壁区分开，能够更好地评定干草的饲用价值。缺点是只能评价干草营养成分的含量，而不能够说明动物在饲用过程中的采食和消化利用过程等。

（四）近红外反射光谱分析法

近红外反射光谱分析法通过直接分析和间接分析2个方面来评定反刍动物饲料的营养成分。其中，直接分析主要分析动物饲料的组织结构，间接分析主要通过分析动物排泄物来预测饲料品质。

近红外反射光谱分析法的原理是饲草的有机成分对近红外光谱区 0.7~2.5 微米的近红外光都有吸收，不同的有机成分对光的最强吸收波长不同，不同含量的同一有机成分对光的吸收强度也有一定差异。近红外反射光谱分析法分析速度快，能够快速检测干物质消化率、干物质摄入量、相对饲用价值等指标，还能够估测有效能和利用率，为检测干草品质提供了快速可行的方法。

(五) 特殊分析方法

蛋白质经水解后产生的氨基酸都是 α-氨基酸，而且仅有二十几种，它们是构成蛋白质的基本单位。氨基酸是构成动物营养所需蛋白质的基本物质。如果动物体内缺少某种氨基酸，尤其是必需氨基酸，或者各种氨基酸比例不当，会影响动物的生长和生产性能。因此，氨基酸的检测对于干草品质鉴定具有重要意义。氨基酸分析法有 2 种：氨基酸自动分析法和高效液相色谱法。

干草是维生素 D 的主要来源，一般晒制青干草含维生素 D 100~1 000国际单位/千克。干草中的维生素主要分为 2 类：脂溶性维生素和水溶性维生素。而维生素的主要测定方法为高效液相色谱法和试验动物效价评定法。

动物误食含有毒有害物质的饲料后，其质量和生产性能下降，甚至死亡；残留在动物体内的有毒有害物质也有可能通过食物链进入人体，从而对人体造成伤害。分光光度法、荧光光度法和高效液相色谱法可用来分析毒物。

三、生物学鉴定

生物学鉴定是指通过动物消化试验或饲养试验以及代谢试验，对干草营养物质的转化做出实际测定。其中，消化试验又可分为体内消化试验和体外消化试验。

(一) 消化试验

1. 体内消化试验

体内消化试验有2种：全收粪法和瘤胃瘘管尼龙套袋法。全收粪法需要在动物试验期间，准确称量家畜食入的干草干物质和营养物质的质量，同时准确收集、称量家畜排出的粪便，分析和计算排泄物中干物质和营养物质的质量。瘤胃瘘管尼龙套袋法是将供试的干草样品称重后装入特制的尼龙套袋内扎口，从试验动物瘘管放入瘤胃内消化。

2. 体外消化试验

体外消化试验主要包括离体消化试验、体外发酵产气法、酶解法等。离体消化试验是指在实验室内采用消化道消化液法和人工消化液法模拟消化道的环境，测定干草的消化率；体外发酵产气法可有效预测瘤胃微生物降解或代谢发酵底物的量；酶解法是指用酶溶液替代瘤胃液评定饲草营养物质降解率的方法。通常，在评定精饲料的营养价值时，酶解法研究比较成熟。

(二) 饲养试验

饲养试验则是通过选择品种、性别、年龄和体重等方面相同或相近试验动物分成处理组和对照组，经过预试验和试验期，运用对比来比较两组试验动物的性能差异。

(三) 代谢试验

代谢试验包括氮平衡试验和能量测定法2种。通过氮摄入量与排出量之间的差异测定反刍动物体组织中蛋白质数量的变化情况，了解饲草蛋白质在动物体内的转化利用效率。

第七章 饲草产品的加工技术

大力发展牧草加工技术,有利于饲草在季节、年度间的均衡供应,促进草产品的贸易市场,并且有利于进一步提高饲草的利用效率。将天然草地或人工种植的牧草或饲草作物调制成干草后,为了方便贮存、运输和利用,通常会根据市场及用户的要求将其制作加工成草捆、草粉、草颗粒等干草产品。

第一节 草捆的加工技术

一、打捆

压缩草捆比散干草密度高,且有固定的形状,节省空间(一般草捆比散干草可节省一半的贮存空间)。为了方便运输和贮存,把干燥到一定程度的散干草利用打捆机打成干草捆。同时,用压缩草捆的方式收获加工干草,可省去制备干草时集堆、集垛等过程,减少牧草最富营养的草叶的损失。

根据打捆机的种类、打成的草捆的形状可以分为小方草捆、大方草捆和大圆草捆。

(一) 小方草捆的加工

小方草捆打捆机有固定式和捡拾式两种。固定式打捆机一般安装在距离草库较近的地方,把散干草运回后进行打捆。这种方法适用于产草量较低、草地面积较小及分布比较零散地区牧草的加工。捡拾式打捆机是在牵引机械的牵引下，沿草垄捡拾和打捆的可走动式机械，打成的草捆为长方形。

小方草捆（图7-1）是将田间晾晒好的含水量为17%~22%的牧草捡拾压缩成的长方形草捆，草捆重量为10~40千克，草捆横截面为（30~40）厘米×（45~50）厘米，长度为0.5~1.2米，这样的形状、重量和尺寸非常适合人工搬运、饲喂，在运输、贮藏和机械化处理等方面均具有优越性。打成的草捆密度一般为120~260千克/米³，密度可调整，密度大的草捆有利于机械操作、堆垛、装卸和运输。草捆常用两条麻绳或金属线捆扎成捆，较大的捆用3条金属线扎捆。小方草捆在贮运之前一般都散放在田间，但易受外界环境条件的影响而营养成分降低，所以应及时从田间运走，放在有遮挡的地方贮藏。

图7-1 小方草捆

(二) 大方草捆的加工

由大方草捆打捆机进行作业，捡拾草垄上的干草打成容积为1.22米×1.22米×（2.0~2.8）米、重0.82~0.91吨的长方形大草捆，密度约240千克/米³，草捆用6根粗塑料绳捆扎。大方草捆在卡车上或贮藏地垛成坚固的草垛，但需加覆盖物和顶篷，以免受天气影响。当草垄宽窄均匀一致时,大方草捆打捆机的工作能力为18吨/时,大长方形草捆需要用重型装载机或铲车来装卸。

(三) 大圆草捆的加工

大圆草捆(图7-2)是由大圆草捆打捆机将田间晒好的牧草捡拾并自动打成的大圆柱形草捆。大圆草捆的重量为600~850千克,长1.0~1.7米,直径为1.0~1.8米,密度为110~250千克/米^3。大圆草捆制作时是将捡拾起的干草一层层地卷在草捆上,田间存放时有利于雨水的流散,一般不宜堆放过高,以免遇水造成损失,圆柱形草捆制成后,可在野外存放较长时间。大圆草捆打捆机的工作速度较快,以大圆草捆的形式收获加工干草,相对于小方草捆可减少劳动力,因此大圆草捆更适合劳动力缺乏地区使用,尤其对于牧草种植者自产自用饲喂本场家畜更实用。

图7-2 大圆草捆

二、二次打捆

二次打捆是在远距离运输草捆时,为了减少草捆体积、降低运输成本,把初次打成的小方草捆压实压紧的过程。方法是把

2个或2个以上的低密度草捆（小方草捆）压缩成一个高密度紧实草捆。高密度草捆的重量为40~50千克，草捆大小约为30厘米×40厘米×70厘米，二次打捆需要二次打捆机，二次打捆时要求干草捆的含水量为14%~17%，如果水分过高，压缩后水分难以蒸发，容易造成草捆的变质。大部分二次打捆机在完成压缩作业后，直接给草捆打上纤维包装膜。

第二节　草粉的加工技术

草粉（图7-3）是将干草粉碎后形成的一种粉状物质。粉碎干草时，应根据饲喂对象确定草粉的长度，并采用不同孔径的筛子进行粉碎。牛、羊等草食家畜需要的草粉长度为1~3毫米，家禽、仔猪需要的草粉长度为1.0~1.5毫米，育肥猪和后备母猪需要的草粉长度为2~3毫米。草粉的密度一般为300千克/米^3。作为配合饲料的重要原料，在畜禽饲料中加入饲料总重量5%~10%的草粉，不仅可以节约饲料，而且能够提高畜禽生产性能并减少维生素等外源营养物质的添加量，降低生产成本。

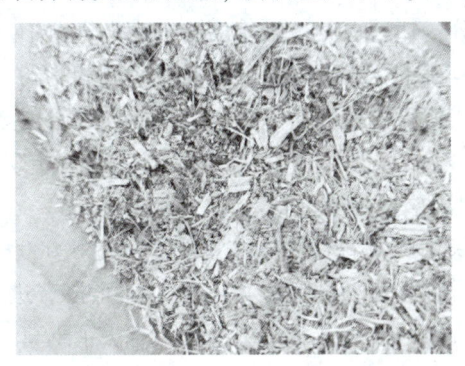

图7-3　草粉

一、草粉加工原理

牧草晒干或烘干后,将干草放入锤片式粉碎机进行初次粉碎,接着将其高速甩向固定在粉碎室内部的齿板和筛片上,在齿板的碰撞和筛片的摩擦作用下进一步粉碎。如此重复进行,直到粉碎粒度可以通过筛孔排出粉碎室为止。通过筛孔的粉料在出料口被风机吸入,经风机吹至出料管,进入集料筒。夹带有粉料的气流,在集料筒内高速旋转,气流中的粉料受离心力的作用被抛向管的四周,速度逐渐降低而慢慢沉积到筒底由排料口排出,气流从顶部的排风管排出,从而实现粉、气分离。

二、草粉加工技术

在牧草适时刈割后切段,使用先铺平后小堆的田间干燥或人工烘干的方法进行烘干,烘干后用锤片式或筒式粉碎机将草粉碎成粉末,草粉的加工包括用青干草加工和用鲜草直接加工。

(一) 用青干草加工

选用优质青干草调制草粉,首先除去干草中的毒草、尘沙及发霉变质部分;然后视其干燥程度,如有返潮草,应稍加晾晒干燥后粉碎。豆科干草,应将其茎秆和叶片调和均匀。牧草干燥后立即用锤片式粉碎机粉碎,粉碎时根据不同家畜的要求选择不同孔径的筛。

(二) 用鲜草直接加工

国外多采用鲜草直接加工法。鲜草经过1 000℃左右高温烘干机,数秒后鲜草含水量降至12%左右,紧接着进入粉碎装置,直接加工为所需草粉。鲜草直接加工法省去了干草调制与贮藏的工序,还能获得优质草粉,只是草粉加工成本高于用青干草加工。

第三节　草颗粒的加工技术

一、草颗粒加工的优点

草颗粒加工就是将草加工成草粉后再通过制粒机压成颗粒（图7-4）。草颗粒饲料具有如下优点。

图7-4　草颗粒

（一）体积小
草颗粒只有原料干草体积的1/4左右，便于贮存和运输；饲喂方便，可以简化饲养手续，为实现集约化、机械化畜牧业生产创造条件。

（二）粉尘少
草粉的悬浮速度和沉降速度小，易出粉尘，因此常将草粉加工成颗粒状，降低粉尘。

（三）有利于保存营养物质
制成草颗粒减少了饲草与空气的接触面，减轻了氧化作用，有利于保存营养物质。草颗粒在压制过程中，可加入抗氧化剂，防止胡萝卜素的损失。

(四) 增加适口性,改善饲草品质

草木樨等具有香豆素的特殊气味,家畜有点不喜食,但制成草颗粒后,则成为适口性强、营养价值高的饲草。

二、草颗粒的加工要求

草颗粒可大可小,直径一般为 0.5~1.5 厘米,长度为 0.5~2.5 厘米,草颗粒的密度约 700 千克/米^3。

第四节 草块的加工技术

草块(图 7-5)是由切碎或者粉碎的干草经压块机压制成的立方块状饲料。与草捆相比,由于草块不需要捆扎,故减少了装卸、贮藏、分发饲料的成本,又因草块密度及堆积容量较高,贮存空间比草捆少,同时草块的饲喂损失比草捆低,因此相对于草捆,其在运输、贮藏、饲喂等方面更具有优越性。与草颗粒相比,压块前由于不需要粉碎干草,从而可以节约粉碎能耗,而且使干草保持一定的纤维长度,更适合反刍家畜的生理需要。

用草块喂养家畜更方便、卫生,还可以很方便地同青贮饲料或精料混合起来为家畜提供全价日粮。草块生产还可以使牧草收获、贮存和饲喂等过程实现机械化。用优质牧草制成的草块,如紫花苜蓿草块,极具商业价值,在草产业发达国家生产的草块大多作为商品出售。

根据生产的形式,草块加工可分为田间压块、固定压块和烘干压块等类型。

一、田间压块

田间压块采用自走式或牵引式压块机,机器在田间作业过程

图 7-5 草块

中，可一次完成干草捡拾、切碎、成块的全部工作。产品密度为 700~850 千克/米^3，草块大小为 30 毫米×30 毫米×(50~100) 毫米，田间压块方式适用于天气状况极有利于牧草田间干燥的地区，即在这些地区，割倒牧草能在短时间内自然干燥到适宜压块的含水量，而且田间压块主要用于纯紫花苜蓿草地或者豆科植物占 90% 以上的草地。

田间压块的工艺流程：割倒晾晒好的草条，由田间压块机的捡拾器捡起，并经喷水嘴喷水（喷水的作用是激活牧草植株的天然黏着性，有助于草块成型），然后送到捡拾器的搅龙处。搅龙将牧草集向中央依次送入两套相同的喂入辊中，两套喂入辊压实并将牧草传送到切碎器，切碎器切碎并混合牧草以使捡拾时喷上的水均匀分布。搅龙室内的大直径搅龙和螺杆将切碎的牧草均匀地移到环模孔处，当物料离开飞转的搅龙时，沉重的压轮将牧草挤入并通过环模孔。牧草的自然黏着力、压轮的高压以及牧草通过模孔时产生的热量共同完成草块的定型，绕在环模处的可调弯板使断开草块长度在 5~7 厘米。压好的草块由钢板滑槽引向位于环模下方的输送器，之后由输送器运到升运器，再由升运器卸入牵引的拖车中。

二、固定压块

固定压块使用固定式压块机强迫粉碎的干草通过挤压钢模，形成32毫米×32毫米×（37~50）毫米的干草块，固定压块制成的草块密度为600~1 000千克/米^3。固定压块采用固定式压块机，在场地或车间对已收集好的干草进行压块作业。固定式压块机的通用性远比田间压块机高，它既可在牧草生长季节用晾晒或干燥好的干草随时进行压块生产，也可用贮存干草在任何季节进行压块作业，而田间压块机只能在牧草生长季节进行压块生产。以固定式压块机为核心的固定压块加工厂，能进行广泛的、宽范围的压块生产，自然晒制干草、人工干燥牧草、各类草捆甚至松散草垛都可以在固定压块加工厂压缩成草块，尤其是固定压块可以将秸秆类农业废弃物与其他物料配合在一起压成块状饲料，从而合理利用各种资源。

用固定式压块机进行规模化压块生产较先进的工艺流程是先将原料干草（主要是干捆草）运至粉碎区，然后用叉举器将草捆放于混合台上，在这里由人工割去捆绳，之后草捆被送入筒式粉碎机，粉碎的干草进入计量箱，再加入膨润土和水（目的是提高成块性），然后将碎干草与膨润土和水在混合器中充分混合并卸入压块机，压好的草块先运至冷却器并在其中停留约1小时，从冷却器出来，草块还要经过金属探测器，在这里夹有金属污染物的草块将被弹出，合格草块被送至草块堆垛机上，均匀堆贮。采用上述工艺，设备、厂房投资大，生产效率高，适用于产业化生产。

三、烘干压块

烘干压块由移动式烘干压饼机完成，就是将从田间刈割的牧草先切成2~3厘米的草段后,将其用运送器输送到烘干滚筒,使含水量由75%~80%降至12%~15%,干燥后的草段直接进入压饼机压成直径为55~65毫米、厚约10毫米的草饼,这种草块的密度为300~450千克/米^3。

参考文献

李海英，龙明秀，2011. 牧草栽培与加工贮藏 [M]. 杨凌：西北农林科技大学出版社.

刘辉，李国庆，2017. 规模化人工饲草种植与加工调制 [M]. 北京：金盾出版社.

罗富成，毕玉芬，陈功，2009. 饲料作物高产栽培技术 [M]. 昆明：云南科技出版社.

农业科技明白纸系列丛书编委会，2016. 灭鼠灭蝗、饲草加工 [M]. 兰州：甘肃科学技术出版社.

姚爱兴，2005. 牧草栽培与加工利用 [M]. 银川：宁夏人民出版社.

詹秋文，何庆元，2021. 饲草栽培与利用技术 [M]. 合肥：安徽科学技术出版社.